Ig Valem PhD.

Nuestra sexualidad nos convirtió en sapiens

"Los grandes monos se parecen tanto a nosotros que se los conoce como «antropomorfos» (palabra de raíz griega que significa «con forma humana»). Tener afinidades cercanas con dos sociedades tan distintas como la del chimpancé y la del bonobo resulta extraordinariamente instructivo. La brutalidad y el afán de poder del chimpancé contrastan con la amabilidad y el erotismo del bonobo (una suerte de doctor Jekyll y mister Hyde)….

Tenemos la gran suerte de disponer de dos parientes primates cercanos para estudiarlos **(chimpancés y bonobos)**, *y son tan diferentes como la noche y el día. Uno tiene modales bruscos y un carácter ambicioso y manipulador; el otro propone un modo de vida igualitario y libre."*

Fran de Waal

Título:

Nuestra sexualidad nos convirtió en sapiens

Copyright © 2022 Ig Valem

Quedan rigurosamente prohibidas, sin la autorización escrita de los titulares del copyrigth, bajo las sanciones establecidas en las leyes, la reproducción parcial o total de esta obra por cualquier medio o procedimiento, comprendidos la reprografía y el tratamiento informático y la distribución de ejemplares de ellas mediante alquiler o préstamo públicos.

ISBN: 9798837063732
Sello: Independently published

Introducción 9
II La hipótesis bisexual 35
    Capítulo 1 Machos heterosexuales, como dios manda 37
        Machos intolerantes con machos extraños 38
        Luchas por el poder.. 50
        Sociedad de los chimpancés 57
    Capítulo 2. Bonobos, pervertidos 59
        Bajo las faldas de mamá 62
        Una sociedad matriarcal.. 66
        Sin línea divisoria entre sexualidad y afecto 70
        Sociedad de los bonobos 76
    Capítulo 3 Sapiens, bisexuales pervertidos 79
        La escala Kinsey de sexualidad 80
        Informe Kinsey 95
        Los soldados sapiens en combate... 104
        ¿Qué es la sexualidad humana?... 119
        Punto de vista histórico, en la sexualidad humana 125
        La orientación sexual... 137
        Como hormigas argentinas fuera de su hábitat 152
    Capítulo 4 Neandertales, heterosexuales como dios manda 163
        Algunas características de los neandertales 167
        Neandertales los primeros europeos.................................... 173
        Caníbales 180
        Neandertales, heterosexuales como dios manda 188
II Una posible historia de lo sucedido 191
    Capítulo 5 Sapiens y neandertales compartiendo hábitat 193
        Primer encuentro 195

    Unión 206

    Primeras batallas 211

    Un salto adelante.. 215

III Un futuro complicado.. 221

    Capítulo 6 Hacía la séptima extinción ó hacia el espacio 223

    Sexta extinción 230

    Sin tiempo para evolucionar.. 237

    La séptima extinción 243

    Consecuencias del efecto invernadero: Séptima extinción ... 249

    Hacía el espacio... 261

    Bibliografía 265

Introducción

Nuestra especie, el *Homo sapiens*, no fue la única especie de humanos que habitaba la superficie de la Tierra, hace 100000 años, tampoco era la mejor adaptada, ni más lista, ni la más inteligente y sin embargo acabó triunfando sobre todas las otras a las que dominó y extinguió. No se trata sólo de una especie más. Al menos había otras ocho o nueve especies de humanos más aunque es difícil decirlo con precisión hoy. A medida que se van realizando nuevos hallazgos es probable que la cifra vaya cambiando y puedan ser muchas más con algunas aún desconocidas. ¿Por qué? ¿Y cómo acabó nuestra especie dominando el planeta entero?

Creo firmemente, y en este libro se expone, que la respuesta a esta pregunta está focalizada en un hecho que nuestra especie fue capaz de salirse del clan familiar para formar, primero tribus, luego pueblos, después ciudades y naciones y finalmente uniones de naciones; algo que al parecer ninguna otra especie humana fue capaz de hacer e igualar. Los *Homo sapiens* una vez arrejuntados en grupos cada vez mayores aumentaron su poder de una manera prodigiosa ante cualquier otro grupo animal humano o no humano. Las diferentes formas políticas de organización humana que ahora conocemos, la política, las naciones, las comunidades de naciones requieren de aceptación de un grupo de personas cada vez más amplio, un grupo donde no todos los miembros se conocen y aun así se respetan sin necesidad de agredirse o matarse entre ellos. La burocracia, la política con altas miras de estado y las religiones vendrían luego a añadirse en campo súper abonado para recibirlos.

A principios del Mioceno todavía vivía en la superficie del planeta un gran primate que es tan bis-bisabuelo de los humanos como de los chimpancés y los bonobos. Sólo hacia el final del Mioceno, hace 7 u 8 millones de años, nos separamos de los chimpancés y de los bonobos para seguir nuestro propio camino independiente del suyo. Aunque más adelante en el tiempo nos separamos de otras especies humanas diferentes a la nuestra, hoy en día estas dos especies de grandes primates son nuestros parientes más próximos en la línea evolutiva. No deberíamos olvidar que hace menos de un millón de años no estábamos solos por la superficie terrestre. Varías especies de humanos habitaban nuestro planeta: *Homo denisoviensis, Homo naledi, Homo floresiensis, Homo luzonensis, Homo antecessor, Homo heidelbergensis, Homo neanderthalensis, Homo rhodesiensis* y *Homo sapiens*. Todas estas especies eran animales humanos, tan humanos como nosotros, tan próximos que podíamos hibridarnos con ellos dando descendencia fértil y sin embargo ninguna especie humana diferente al *Homo sapiens* ha llegado a la edad moderna. La gran pregunta es ¿por qué? ¿Qué paso con ellos? No podemos dejar pasar el hecho de que cada grupo humano había evolucionado en una zona del planeta a la que estaba muchísimo mejor adaptado que nuestra especie y que algunos de estos homínidos eran más inteligentes que los propios *Homo sapiens*. A simple vista resulta chocante, no es normal ni frecuente que tantas especies desaparezcan de un plumazo, y lo peor pero que es la respuesta cierta más probable es que todos ellos fueran exterminados por nuestros antepasados. ¡Nuestros antepasados fueron genocidas! Si como parece casi 100% probable está exterminación por parte de nuestros ancestros tuvo lugar cabe preguntarse ¿cuál fue la causa de esta animadversión insalvable entre los sapiens y el resto de la humanidad? Para que esta enemistad, esta animosidad, esta antipatía y este odio crearan una barrera insalvable en la que sólo un grupo podía triunfar algo muy potente separaba a estos grupos. En consecuencia, la mala voluntad entre los sapiens y el resto de los humanos fue tan potente que la extinción de muchas especies fue su consecuencia final. Las diferencias entre nuestra especie humana y el resto de especies humanas debieron ser tan insalvables que sólo podían acabar así. Si las diferencias no hubieran sido insuperables hoy todos nosotros seríamos los descendientes híbridos de una serie de razas humanas, lo que desde luego no somos. Incluso el racismo humano más enérgico y potente es incapaz a la larga de implantar la pureza. Siempre hay resquicios por donde se cuelan las mezclas sin que nadie pueda conseguir eliminarlos por completo. Sin embargo parece muy claro que entre los diferentes grupos humanos ni siquiera se dio esta ranura.

Si contemplamos el árbol evolutivo de las especies humanas y vemos sus múltiples ramas, la pregunta es porqué se secaron todas las ramas excepto la que nos llevaba a nosotros que nos permitió llegar a la cúspide y triunfar de la forma que lo hemos hecho. Desde luego, nuestra especie no parece la consumación de la especie humana aunque fuera la que triunfó, no era ni la más inteligente, ni la más adaptada, ni la única que tenía dioses, ni la reina sobre todas las demás y sin embargo logró llegar a la cima casi ciertamente seguro a costa de suprimir asesinando poco a poco a todas demás hasta su desaparición definitiva.

El holocausto y la matanza que los sapiens hicieron con los otros humanos que convivieron con ellos repartidos por el mundo durante miles de años es por tanto inexplicable. Si como parece eran tan semejantes fisiológicamente a nosotros, como los fósiles indican, ¿qué los convertía en enemigos irreconciliables? Este manuscrito hipotetiza que la gran diferencia entre nuestra especie y el resto debió ser la forma de socializar. Si por la socialización diferente entre los sapiens y el resto de los humanos hubiera sido imposible el encuentro esto explicaría las extinciones masivas. Si estos grupos de humanos han sido tan irreconciliables y tan antagónicos que hubieran resultado totalmente irreconciliables esta lucha a muerte tendría sentido. Finalmente el *Homo sapiens* ganó sobresaliendo sobre todos los demás grupos humanos para adueñarse él solo de todos y cada uno de los rincones de la tierra.

Este libro expondrá la teoría de porque los *Homo sapiens* somos diferentes al resto de las especies *Homo spp* está hipótesis apareció por primera vez en 2009 en un libro de Santiago de la Iglesia Turiño doctor en biología por la Universidad de Barcelona en España. La hipótesis publicada en un pequeño libro con un título un tanto extraño: *"Por qué la bisexualidad nos hace humanos. Sentido biológico de la homosexualidad"* hipotetiza que nuestro factor de humanidad fue nuestra insólita sexualidad. En concreto se centra en presuponer que la sexualidad de los oros grupos humanos era como la de los chimpancés actuales y que está sexualidad tan diferente que impedía la cohabitación entre las diferentes especies. La hipótesis indica que la sexualidad de los sapiens es única y diferente a la del resto de los grupos humanos, y que fue esta sexualidad la que nos convirtió en lo que somos y nos dio la ventaja evolutiva que nos permitió triunfar sobre el resto de las especies humanas y dominar todo el mundo conocido. La teoría propone que desde nuestro origen en África los *Homo sapiens* dejaron de ser una especie heterosexual pura como el resto de las especies humanas para convertirse en una especie con una sexualidad, bisexualidad propia, en definitiva una sexualidad con una vertiente social. La que el autor denomina como una bisexualidad graduada. Y aunque en apariencia la sexualidad del *Homo sapiens* es una sexualidad animal más, la teoría propugna que es un paso importante en el camino evolutivo ya que convierte a los humanos actuales en grupos sociales de socialización no exclusiva donde dos machos que ni se conocen ni son familia entre si pueden convivir pacíficamente sin matarse algo imposible en casi cualquier otro grupo de primates. El manuscrito compara la socialización de chimpancés y bonobos para llegar a la conclusión de su enorme importancia en la socialización y en la manera de actuación social de ambos grupos.

En este libro se entiende que la teoría de la sexualidad propia de los *Homo sapiens* es básicamente correcta intentando aportar datos que confirmen que esta bisexualidad graduada fue la herramienta que permitió a los sapiens triunfar y dominar la tierra. Esta nueva sexualidad habría permitido a nuestros antepasados avanzar sociológicamente a pasos agigantados a través de la cooperación algo a lo que sus primos de otros grupos humanos les estaba vetado por genética.

La sexualidad típica de nuestra especie, la bisexualidad graduada, habría atenuado la violencia masculina de los hombres, los primates machos, permitiendo algo hasta entonces imposible, que dos machos humanos que no fueran familia y no pertenecieran al mismo grupo pudieran contactar e interaccionar entre ellos sin matarse. Por tanto algo que nos parece normal, la interacción pacífica entre dos machos desconocidos ya que es lo habitual en nuestra especie y lo vivimos y lo vemos cada día. Es algo imposible en las demás especies de simios, donde la interacción entre dos machos desconocidos siempre lleva acompañada violencia y muchas veces máxima violencia hasta la muerte. Así si un chimpancé macho solitario se encuentra con un grupo de otros machos tendrá muchísima suerte si sale con todos los dientes en la boca y con vida del encuentro, ya que lo habitual y más frecuente es que muera o quede moribundo como consecuencia de la paliza recibida. Esta violencia asesina entre machos de grupos diferentes de primates es la normalidad entre los grandes primates de hoy por lo que es muy posiblemente que también se diera entre los grupos homínidos diferentes al sapiens en el que está violencia extrema quedó mitigada, suavizada y atemperada por la nueva y extraña sexualidad del grupo, una bisexualidad que en nuestra especie fue capad de reducir, no acabar, los inconvenientes de la innata violencia masculina. Pese a que esa violencia no se apagaría del todo, la reducción fue capaz de mermar la mayoría de los inconvenientes que arrasaban en la antigua sexualidad propia de nuestros antepasados.

Es importante comprender que según está hipótesis la sexualidad dejó de ser meramente un mecanismo reproductivo para adquirir otra nueva función, un cometido social. La sexualidad que hasta ese momento sólo había tenido un fin meramente reproductivo en los primates adquirió un nuevo rol socializante en los sapiens y sólo en los sapiens. Así un pequeño cambio aparentemente sin importancia haría que esta especie humana socializara de una forma tan diferente a la del resto de los grupos que los hiciera incompatibles. Un pequeño cambio distanció tanto la socialidad de los grupos humanos que los distanció irreversiblemente. La nueva sexualidad de los sapiens permitió que la familia se convirtiera en el nuevo núcleo director de sus sociedades y que la cooperación entre grupos diferentes fuera no sólo posible, sino que se convirtiera en algo rutinario en los grupos que se necesitaban para protegerse de un enemigo común. Desde el mismo preciso instante que los pequeños grupos verificaron que cooperando entre si podían lograr grandes ventajas esta cooperación se hizo habitual e incluso se reforzó hasta tal punto que los grupos tribales pasaron a ser pueblos, los pueblos ciudades y las ciudades naciones algo imposible para el resto de los grupos humanos que genéticamente no podían socializar de esta manera y que sin grupalizar no podían competir.

Estos machos sapiens bisexualizados y por tanto menos agresivos, mucho menos violentos y más femeninos que los de las especies afines podían interaccionar entre independientemente de que pertenecieran o no al mismo grupo pero además por si lo anterior fuera insuficiente podían domesticar a otros animales al verlos indefensos; posiblemente cuando eran crías indefensas, algo que se dificultaba hasta el imposible entre los machos demoniacos más violentos de las especies humanas afines. Y por si todo lo anterior fuera insuficiente la bisexualización permitió un grado de masculinización de las hembras que posibilitó una intervención femenina directa e indirecta antes impensable e imposible en la dirección de los grupos.

La nueva sexualidad propia y exclusiva del *Homo sapiens* permitió a esta especie humana saltará al pódium, a la cumbre dominando siempre sobre el resto de los otros humanos. No importaba que los otros humanos fueran más inteligentes o que estuvieran más adaptados al ambiente. La competencia de unos pocos frente a amplios grupos siempre estaba relacionada con el fracaso. Esta grupalización, con el tiempo, le permitiría a los sapiens aniquilar a esos otros hombres agresivos y súper violentos de las otras especies a los que no entendía y a los que temía ya que cualquier encuentro con ellos presumiblemente estuviera siempre teñido de sangre y muerte. De esta forma todas las demás especies humanas estaban condenadas a la extinción y a su desaparición casi definitiva desde el preciso momento en que apareció nuestra especie con su extraña sexualidad en África. La bisexualidad de los sapiens los separó definitivamente de las otras especies humanas para siempre creando un muro insalvable entre ellas. Un pequeño cambio genético había formado un cambio abismal entre las diferentes especies de humano tan próximas genéticamente.

Los caracteres se habían vuelto totalmente incompatibles y su enemistad se convirtió en totalmente irreconciliable por lo que la lucha por la permanencia de unas sobre las otras era a muerte.

Entre denisovanos y neandertales podían producirse entrecruzamientos sobre todo entre grupos próximos ya que cualquier hembra joven que saliera de su grupo podría ser admitida en el nuevo grupo. Aunque una sapiens también podría ser admitida en uno de estos grupos para esta hembra sapiens masculinizada acostumbrase a la brutalidad y violencia constante imperante en estos grupos homínidos sería tan estresante para ella que moriría o intentaría huir en cualquier oportunidad que se le presentara, muchas veces llevando un hibrido fértil en su interior.

Desde hace más de 2000 años, cuando triunfó el cristianismo sobre las religiones politeístas anteriores, estamos acostumbrados a oír que todo lo que se desvié de la heterosexualidad reproductiva es innatural, insano y un pecado que nos condenará a los infiernos, o mejor dicho a nuestra alma inmortal, a un padecimiento eternal. Sin embargo en nuestra especie la heterosexualidad animal de nuestros antepasados primates es atípica e irreal. La sexualidad de los sapiens en bisexual, en pocos humanos es del todo o nada. En los países occidentales que la libertad sexual está triunfando cada día aparecen más jóvenes que se definen como bisexuales, cada día las sociedades se parecen más a la de los relatos politeístas donde un dios podía tener relaciones sexuales con un miembro de su género, del contrario o con ambos.

Cuando los sapiens aparecieron en África por primera vez aparecieron con una nueva genética diferente a la de sus primos humanos de otras especies. Esta nueva sexualidad dio paso a una nueva herramienta una sexualidad diferente no exclusivamente reproductiva sino además social, una bisexualidad graduada que con su vertiente social nos dio una herramienta fundamental para dominar el mundo, una sexualidad nueva que nos permitió ser como somos y con ello dominar a las demás especies y al planeta entero.

Adoctrinados por las religiones, llevamos más de dos milenios luchando contra nuestra genética intentando volver a una heterosexualidad reproductiva que es impropia de nuestra especie desde el mismo instante que aparecimos como especie en la sabana africana. Desde que apareció el *Homo sapiens* su sexualidad no es la misma que la de sus parientes primates y mamíferos y pese a que cada uno de nosotros innatamente sabemos esto, millones de personas en todo el mundo luchan contra sus propios instintos contra su propia genética porque una religión nueva aparecida por vez primera en el antiguo Egipto del faraón Akhenatón le pareció que sexualmente deberíamos ser como el resto de los animales que nos rodean. Y por lógica equivocadamente y erróneamente aceptamos el mantra que nos quiere convertir en algo que no somos yendo en contra de nuestra propia naturaleza de sapiens.

El único animal al que sexualmente nos parecemos algo es al bonobo. Pero la bisexualidad humana no es tampoco la pansexualidad del bonobo es una bisexualidad muy amplia, donde las combinaciones muchas veces son enormes. Aunque lo habitual, común y frecuente es que estos sentimientos sean íntimos privados y escondidos, no por ello dejan de existir. Para un adolescente humano enfrentarse a su propia sexualidad embutido y adoctrinado con las ideas que los monoteísmos han impuesto como dogma de fe, aceptarse supone muchas veces suprimir unos deseos sexuales naturales, genéticamente normales en los sapiens porque unos individuos en nombre de un dios desconocedor de la naturaleza humana ha intentado copiar la sexualidad animal que los propios sapiens perdieron desde el mismo instante de su aparición en África.

Por algo, las relaciones sexuales esporádicas entre individuos del mismo sexo son más frecuentes de lo que queremos reconocer y admitir. Y los sueños húmedos son tales que el cielo debe de estar más que asustado. Nuestra bisexualidad graduada normal, humana exclusiva de los sapiens, nos permite relaciones imposibles en los otros grupos de primates o de mamíferos debemos asumirlo de una vez y aceptarnos tal cual somos, tal como la evolución nos ha formado. Podemos intentar pasar otros 3000 años reprimiendo nuestra sexualidad normal y aun así nada variara, siempre que seamos sapiens seguiremos siendo como somos y la sexualidad heterosexual será una entre muchas y si algún día se consigue que esto cambie será porque ya no seremos sapiens habremos evolucionado hacía otra especie distinta. Por tanto todos los tipos de sexualidad son normales entre los sapiens con heterosexualidad, pansexualidad y homosexualidad incluidas.

Debemos entender que la homosexualidad, que tanto miedo nos da, no es ningún invento humano forma parte de la naturaleza desde que las aves y mamíferos surgieron, y aunque la homosexualidad en el reino animal no es tan común y constante como lo es en los humanos, es algo usual y corriente que está ahí para todos aquellos que quieran verla. Por tanto cuando la evolución dotó a nuestra especie de humanos de una sexualidad diferente, una bisexualidad heptaseptada, aprovecho algo que ya existía en la naturaleza para normalizarlo como un rasgo común en nuestra especie. Todos nosotros debemos comprender que los sapiens no se caracterizan porque haya un 99% de heterosexuales y un 1% 0 menos de homosexuales ya que casi en cualquier otra especie de mamíferos esto es así. Los sapiens se caracterizan, nos caracterizamos, por tener una bisexualidad graduada propia y exclusiva de nuestro grupo humano con un grupo homosexual muy común y amplio. Pero dentro del amplio grupo heterosexual caben las relaciones homosexuales en mayor o menor necesidad y en determinados momentos un heterosexual puede relacionarse sexualmente con su mismo sexo sin dejar de ser heterosexual. Los que los adolescentes te cuentan como que han estado probando. Un adolescente o un adulto puede probar con otro miembro de su mismo sexo porque existe una atracción sexual de por medio. Las cárceles de hombres y mujeres están llenas de noches sexuales prohibidas de sexo homosexual, un chimpancé por muy separado que este de las hembras nunca caerá en el pecado nefando fieles a San Agustín hasta la muerte. Es lo que tiene una bisexualidad que permite que las relaciones homosexuales y heterosexuales sean posibles placenteras y frecuentes entre los diferentes individuos.

La pregunta por tanto es ¿cómo es posible que el sexo pudiera lograr semejantes logros y convertir al *Homo sapiens* en la especie triunfadora?

Si suponemos que las especies de *Homo spp* distintas del *Homo sapiens* conservaban la heterosexualidad reproductiva típicamente animal con sus machos violentos en extremo, machos demoniacos, podemos deducir que estaban en completa desventaja frente a nuestros antepasados.

Es muy posible que los neandertales fueran más inteligentes que nosotros y mucho más adaptados al continente europeo que nuestros antepasados y sin embargo sucumbieron ante nuestra especie de emigrados desde África y fueron reducidos lenta e inexorablemente condenados irreversiblemente a la extinción. Ningún neandertal podría nunca contra la mente colectiva y la fuerza comunal de los sapiens que luchaban por exterminarlos para siempre de la faz de la tierra. Los *Homo sapiens*, menos violentos que cualquiera de sus parientes homínidos debido a su nueva sexualidad, habrían aprendido a colaborar entre grupos próximos y aprovecharse siempre de las ventajas de la grupalidad, cuando se sentían amenazados, algo imposible para el resto de las especies humanas.

Para Richard W. Wrangham, primatólogo británico, que estudió durante toda su carrera profesional el comportamiento de los simios, los abrazos, besos y cariños de los simios son tan elaborados como el uso que hacen de la fuerza bruta. Y añade que la inteligencia es el motor que convierte el afecto en amor pero también es la inteligencia la que convierte la agresión violenta en castigo y control. Así los individuos que emplean la violencia y ganan, comen mejor que el resto, ordenan y mandan sobre los otros y por si esto no fuera suficiente siempre tienen muchos más hijos. Para estos primates la violencia tiene importantes beneficios por lo que siempre los machos más violentos estarán en la cima del poder. Y paradójicamente a mayor inteligencia mayor violencia ya que entre los simios es necesario que el animal sea lo suficientemente inteligente para conocer la personalidad de los otros para así poder dominarlos al conocer sus debilidades, sus errores y sus fallos. Sólo así se entiende que entre los chimpancés, la conducta violenta pueda tener semejante impacto. Y aunque pueda parecernos muy chocante, muy frecuentemente entre las diferentes especies de simios a la especie más inteligente le corresponde emplear más la violencia. Por tanto, si el grupo de los humanos es el de los primates más inteligentes, mucho más inteligentes que los chimpancés, es de esperar que en los grupos humanos distintos del *Homo sapiens*, con sexualidad únicamente reproductiva como la de los chimpancés, sus sociedades grupales fueran tan violentas o posiblemente mucho más que las de los chimpancés ya que su inteligencia era muy superior. ES muy probable que la violencia sin fin dominará estos pequeños grupos humanos tal como aún hoy domina las sociedades de los chimpancés. El grupo siempre sería un grupo más o menos pequeño en el que todos los machos serían familia y en donde ningún macho de otro grupo podría nunca acercarse al grupo sin riesgo para su vida. La política del grupo mantendría a un hombre dominante como jefe del grupo hasta que otro hombre solo o en conjunción con otros le disputara su puesto de mando, si la conjura tenía éxito el viejo jefe pagaría con su vida y un nuevo jefe ascendería al control. Y pese a su temprana muerte este hombre habría dejado suficiente descendencia para que el deje súper violento continuará sin fin. Ningún macho menos violento dejaría nunca tanta descendencia y los infraviolentos ni siquiera dejarían prole. Esto sucedería en un ciclo sin fin, un ciclo cada vez más violento y fratricida donde las mujeres tendrían poco o nada que decir.

Sin embargo el nuevo sexo de los *Homo sapiens* al haber masculinizado a las hembras y feminizado a los machos habría mitigado y truncado este ciclo violento sin fin. La violencia había sido reducida y mitigada podría funcionar de una manera social diferente. Se había agregado al sexo el elemento social, un nuevo ingrediente que permitía las relaciones entre machos o entre hembras e interacciones entre machos impensables en otros grupos. Un grupo de machos, menos violentos, podrían expulsar a los más violentos de la copula del poder. Las hembras que antes no tenían ningún papel aquí se pondrían siempre en contra como grupos de los machos hiperviolentos favoreciendo siempre opciones menos violentas y más transversales. Además muy posiblemente un joven varón que por casualidad diera con un grupo de hombres de otro clan distinto al suyo que moriría irreversiblemente en cualquier especie humana, diferente de los sapiens, a consecuencia de la tremenda paliza que recibiría como efecto del encuentro fortuito; tendría en cambio una posibilidad de vivir en un encuentro con los sapiens no tendría por qué morir irreversiblemente, simplemente las interacciones podrían ser otras. Podría ofrecerse sexualmente y sumisamente a los hombres del otro grupo sobre todo si fuera un individuo joven. Si entre estos hombres alguno o algunos aceptaban el ofrecimiento del joven podría haber un acto sexual amortiguador que finalmente permitiría al joven macho integrarse en el nuevo grupo primero como objeto sexual de los machos interesados pero más tarde como un hombre más del grupo. Y en consecuencia estos grupos sapiens mixtos, con hombres de diferentes clanes cercanos, podrían ser empleados tarde o temprano para hacer alianzas con esas otras tribus cercanas para atacar a un enemigo común, para protegerse del clima o de cualquier animal etc. Además, por si esto fuera poco la sexualidad social roba poder a los jefes de cada grupo, como es imposible entre la sexualidad únicamente reproductiva.

Así en todo el planeta Tierra se formaron coaliciones entre tribus de humanos sapiens para luchar contra sus vecinos humanos de otras especies y estas coaliciones cada vez más grandes y poderosas exterminarían sin ninguna piedad y sin ningún remordimiento a sus vecinos con comportamientos demoniacamente violentos. Coaliciones, que una vez formadas, nunca se desharían y que darían lugar a los pueblos y naciones que luego vendrían. Los sapiens habían aprendido que la colaboración grupal además de posible era sumamente rentable y se aprovecharon de ella.

Una vez libres de los temibles primos humanos de las otras especies heterosexuales, la revolución agrícola y ganadera sería el siguiente paso predecible e imparable. Los grupos grandes necesitan más comida. La domesticación de plantas y animales permitiría de pronto una mayor riqueza económica y un aumento de las poblaciones y así los clanes pudieron formar no sólo pueblos y ciudades sino naciones e imperios. Con las naciones aparecería la política como tal con sus nuevas jerarquías perdurables en el tiempo. El aumento de las poblaciones permitió que aparecieran religiones grandes y potentes, el temor a la muerte y al fin de la vida se domesticaría con creencias organizadas en religiones primeramente politeístas que explicaban y aplacaban los temores del hombre. La aparición de estas religiones llevó aparejado el nacimiento de los sacerdotes, personas que se aprovecharon del poder que estas nuevas religiones, con enorme poder entre sus fieles creando castas jerárquicas de poder para aprovecharse del nuevo fenómeno. Así al poder de los reinos se contrapuso el de las nuevas religiones pero pronto estos aprendieron a colaborar entre si y está colaboración dio como resultado la creación de nuevos imperios donde una nación sometía a otra a petición de un dios.

Las masas humanas cada vez eran mayores y con ellas la colaboración intelectual se agigantaba a medida que cada nuevo conocimiento no partía de cero sino que nacía sobre la base acumulada de todo el conocimiento anterior de sus compañeros de nación o de imperio acumulado a lo largo del tiempo. Este saber, a hombros de gigantes, propicio una revolución científica e industrial que haría dar al hombre un salto de gigante y que convertiría al planeta en un lugar pequeño dominado por los sapiens.

Las naciones europeas comenzaron a expandirse por todo el mundo y con esta expansión vinieron extinciones masivas de plantas y animales a la vez que especies de animales y plantas localizadas en lugares concretos se distribuyen mundialmente. El hombre logró dominar todos y cada uno de los rincones de la tierra y continúo con su crecimiento exponencial. La población del planeta, con la globalización humana, aumentó hasta límites antes inconcebibles y el planeta continúo degradándose fruto de la actividad humana. La tierra por primera vez sufría una enorme transformación causada por uno de los animales que la habitaba y a medida que los sapiens crecían y se expandían la alteración, la modificación, la mutación y la metamorfosis del planeta fue cada vez más radical, hasta abocar al planeta a dar una contrarespuesta que finalmente pudiera cambiar las condiciones para la vida en el mismo.

Existe un principio metodológico y filosófico atribuido al fraile franciscano Guillermo de Ockham que vivió entre 1280 a 1349. Este principio se conoce como la navaja de Ockham (principio de economía o principio de parsimonia) y es un principio esencial en el camino por buscar la verdad científica. Según el principio de la navaja de Ockham «en igualdad de condiciones, la explicación más simple suele ser la más probable». Este principio casi desconocido en la vida del día a día debería conocerse más y aplicarse mucho más. La navaja de Ockham implica que en igualdad de condiciones, cuando dos teorías tienen las mismas consecuencias, la explicación más simple tiene mayores probabilidades de ser correcta que la más compleja.

Este libro supone una sencilla explicación de porque los humanos sapiens triunfaron sobre las otras especies humanas a la vez que explica porque no se mezclaron y porque se crearon las naciones. La explicación es muy simple y se basa en dar la importancia que tiene a la sexualidad humana. La sexualidad humana es la que es independientemente de que durante más de 2000 años nos hayan intentado convencer de lo contrario.

Si miramos el comportamiento extremadamente diferente entre las dos especies de primates *Pan* que han llegado hasta nuestros días: los chimpancés y los bonobos. Dos especies de grandes simios muy próximas a nuestra propia especie. Por tanto teorizar que las desemejanzas en el comportamiento sexual entre las distintas especies humanas las convirtieron en socialmente diferentes y incompatibles no es ningún disparate. Muchas veces la evolución ha buscado caminos semejantes o parecidos. Por tanto suponer que nuestra sexualidad es semejante a la del chimpancé u otros primates exclusivamente heterosexuales es un error ya que los datos del día a día de los actos sexuales de los sapiens no casan con la complejidad que se registra en cada uno de los puntos de la tierra. En cambio suponer en cambio que gozamos de una bisexualidad graduada es una explicación sencilla que casa con lo que vivimos día a día.

Hoy por hoy en casi imposible saber con certeza si las otras especies de humanos que habitaron durante miles de años con nuestra especie el planeta eran heterosexuales o bisexuales pero la lógica de cómo se desarrolló el encuentro con los sapiens y sus resultados no inclinan a creer que a la fuerza tuvieron que ser socialmente incompatibles.

II La hipótesis bisexual

Capítulo 1 Machos heterosexuales, como dios manda

Hoy, los chimpancés y bonobos son los dos primates más cercanos evolutivamente a los seres humanos, con ambos grupos compartimos una parte muy importante de nuestro genoma: el 98,8%. Por tanto es importante ver como son las sociedades de ambos primates.

Los chimpancés son tanto arbóreos como terrestres ya que pasan la misma cantidad de tiempo sobre los árboles que sobre el suelo. Viven en grupos que oscilan entre los 20 y los 150 miembros como máximo y comprenden de varios machos que son los que dominan, también hay hembras y jóvenes. Son heterosexuales únicamente y muy difícilmente se verá en sus comunidades ningún acto homosexual, por fin primates como dios manda.

Aunque pueden caminar en posición bípeda únicamente lo hacen en distancias cortas; lo normal es que se desplacen en tierra a cuatro patas, utilizando las plantas de los pies y las segundas falanges de los dedos de las manos.

Machos intolerantes con machos extraños

Se parecen tanto a nosotros, por la proximidad a nosotros en todos sus rasgos, que verlos en los zoos o en libertad es emocionante y además observarlos nos parece extremadamente gracioso y divertido. Aunque nosotros en los zoológicos los observamos de pasada hay primatólogos que los estudian en estas instituciones y en libertad. Un inciso, hoy hay un sector de la población que denigra los zoológicos y pide su disolución por ser cárceles para animales. Cuando en el planeta la situación de los ecosistemas es la que es, no se puede pedir la eliminación de los zoos que bien gestionados a día de hoy suponen una ventana a la reintroducción y conservación de especies. No entiendo que haya gente que diga que prefiere ver especies desaparecidas del planeta antes que lo que ellos llaman cárceles. En los zoos que estudian su comportamiento para conocer más sobre la especie de la misma forma que científicos voluntarios los estudian en libertad. La verdad es que debemos de concienciarnos sobre el estado de estos primates que van desapareciendo rápidamente en libertad y que cada vez son más difíciles de observar, están en peligro de extinción, y aún así cada día más selvas en África desaparecen y con ellas su hábitat y su posible futuro. Desde los años setenta hay varias investigaciones que siguen su vida en libertad apuntando diariamente su comportamiento en su ambiente natural. Así poco a poco los investigadores han ido descubriendo muchos detalles de la vida de este gran simio tan cercano a nuestra especie. Con respecto a su sexualidad hay pocas dudas de su heterosexualidad pura, nadie ha narrado nunca un comportamiento homosexual en un chimpancé macho y aunque no debería ser imposible encontrarlo las posibilidades son escasas, por fin tenemos a los machos heterosexuales que toda religión actual debería glorificar por ser como dios manda. Aunque, el primatólogo holandés Frans de Waal cuenta en su libro *La política de los chimpancés* de una hembra corpulenta de chimpancé que vivía en el zoo de Arnhem (Países Bajos) que se dedicaba a cortejar a otras hembras en celo como si fuera un macho y si alguna aceptaba intentaba la cópula como si fuera un macho pero aún así esta hembra con un comportamiento lesbiano acabó aceptando copular con los machos y acabó adoptando el rol de hembra. En todas las especies de animales es posible encontrar algún individuo con conductas homosexuales por qué la homosexualidad no es ningún invento humano está ahí desde hace millones de años, por tanto encontrar algún individuo homosexual no cambiaría al conjunto de la especie.

Así pues, caben pocas dudas que los chimpancés son heterosexuales. Este es el comportamiento sexual que defienden y mandan los dioses de todas las religiones actuales de los sapiens pero este comportamiento lleva asociadas unas actitudes que como veremos impedirían nuestra propia sociedad. Si los dioses que escribieron estos textos supieran un poco de más de etología no recomendarían este comportamiento heterosexual puro de los chimpancés que en los grandes simios está asociado con violencia y machos demoniacos. Aquí tenemos por fin un primate, el chimpancé, con la condición sexual completamente correcta, como dios manda y poco o nada dado a contagiarse de "los placeres homosexuales" por mucho que se le tiente. Sin embargo está heterosexualidad pura de sus machos lleva asociados unos comportamientos demoniacos. ¡No se puede tener todo!

La primatóloga Jane Goodall fue la primera científica en observar a los chimpancés en estado salvaje, lo hizo en Kasekela una parte del Parque Nacional Gombe (Tanzania). Estudiaba a un grupo de chimpancés de Kasekela, al principio una única banda. Los primeros años interactuaban en paz y parecía que todo era idílico, pero a veces las apariencias engañan y cuando esa comunidad creció empezaron a verse los problemas que hasta ese momento se habían ocultado. Con la división del grupo empezaron a formarse dos camarillas rivales: el clan del norte y el clan del sur. El subgrupo del norte acogió a ocho machos adultos (Humphrey, Evered, Faben, Figan, Hugo, Jomeo, Mike y Satan) y el del sur a siete (Charlie, Dé, Godi, Goliath, Huhg, SnifF y Willy Wally) ambos grupos se fueron distanciando rápidamente, se reunían en conjunto cada vez menos y si por casualidad se encontraban siempre había una tensión inesperada para individuos que habían formado parte del mismo grupo hasta que finalmente dejaron de encontrarse.

El grupo inicial finalmente se dividió en dos comunidades distintas: el clan de Kasekela, el original, y el clan de Kahama, el resultado de la escisión. Fue entonces cuando los investigadores pudieron por primera vez estudiar las interacciones de dos grupos diferentes de chimpancés que resultaban de una escisión por un aumento de tamaño. Por tanto todos los miembros de uno y otro grupo eran conocidos. Pero lo que observaron era tan inesperado que les sorprendió. Muy pronto vieron que los machos habían creado una guerra civil, los machos formaban partidas de cuatro y se dedicaban a patrullar por los lindes de su zona hasta los comienzos de la nueva comunidad vecina y una vez allí intercambiaban gritos con los machos del otro clan, algo que puede parecer inofensivo pero cuando intuían que el otro grupo de machos vecinos era inferior, o un macho sólo, se envalentaban y se lanzaban a perseguirlos y si apresaban a un vecino lo atacaban con violencia extrema hasta dejarlo muerto o semimuerto.

Para los investigadores los chimpancés machos se habían trasformado en genocidas formando pandillas dedicadas a lograr la pureza étnica de su propio clan, eran defensores de su territorio grupal pero además invadían las tierras de sus vecinos y si por casualidad se encontraban con algún individuo solitario lo atacaban sin piedad casi siempre hasta la muerte. Las partidas de caza trabajaban en conjuntos de un mínimo de cuatro machos adultos que viajaban hasta los límites de su territorio, deteniéndose cada poco para escuchar y mirar y descansar. Una vez en la zona fronteriza agudizaban en plan guerrero su sentido del oído alertas a sonidos comunes que indicaran presencia de otros chimpancés, como ramas que se rompen o sonidos de otros chimpancés interaccionando.

Los investigadores no salían de su asombro cuando poco a poco estas partidas guerreras empezaron a cobrase víctimas. Así cuando el clan de Kasekela avistó a Dé, un macho del clan vecino que estaba con una hembra y con otros dos jóvenes machos, conscientes de que estaba en desventaja e indefenso se abalanzaron excitados, gruñendo, gritando y vociferando hasta que lo tuvieron rodeado como si fuera una presa. Los tres machos y una hembra de Kasekela lo rodearon y lucharon con él. Dé al principio luchó pero pronto se rindió sentándose con la espalda encorvada, emitiendo pequeños chillidos, hasta que de pronto reaccionó de nuevo intentando huir de los atacantes trepando a un árbol, desde el que saltó a otro árbol. En el segundo árbol fue atacado de nuevo un macho de Kasekela lo agarró por la pierna y cayó al suelo. Ya en el suelo los tres machos y la hembra que los acompañaba, entre gritos, empezaron su ataque con una violencia nunca vista hasta la fecha, los cuatro chimpancés golpeaban, pisoteaban y mordían al macho aislado sin ninguna consideración con el fin de hacer el mayor daño posible. Lo mordieron, lo arrastraron por el suelo, le desgarraron la piel de las patas y sólo cesaron de atacar cuando Dé estaba moribundo y apenas se movía o quejaba. Finalmente lo dejaron por muerto, luego amenazaron a la joven hembra para que se uniera a ellos. Dé quedo tirado moribundo y desapareció, nunca más se le volvió a ver con su clan por lo que muy presumiblemente murió.

Un año más tarde, otra pandilla de Kasekela, se encontró con Goliath. Goliath era un chimpancé anciano que bien podría tener más de cincuenta años y aunque era un macho viejo al final de su vida no hubo piedad con él. Goliath había vivido todo su larga vida con el grupo inicial de Kasekela, antes de la división, aunque ahora perteneciera al clan rival de Kahama. Era tan viejo que no constituía ninguna amenaza sin embargo cuando lo enfrentaron no hubo ninguna compasión para con é, lo apalearon hasta la muerte. La patrulla de la frontera lo avisto estando solo y se puso las botas atacándolo sin contemplaciones. Los atacantes enfurecidos se lanzaron como poseídos por un diablo hacía él. Goliath gritó asustado al oírlos venir conocedor de cuál era su destino pero ya era demasiado tarde para huir, muy pronto llegaron hasta él, lo agarraron, y empezaron a golpearlo y morderlo. La pandilla le saltó encima, lo mordieron, lo golpearon, lo patearon y lo levantaron en el aire para dejarlo caer como un peso muerto. Goliath al principio trató de protegerse pero pronto se quedó quieto, no luchó, dejándose matar por sus atacantes. Sin embargo está actuación no sirvió de nada, sus agresores no mostraron piedad, realizaron su objetivo metódicamente y durante dieciocho minutos lo aporrearon y mordieron sin piedad y sólo se fueron cuando habían terminado su trabajo. Goliath medió muerto trató de sentarse pero ya no pudo y se cree que murió de la soberana paliza. Así, uno a uno, fueron desapareciendo todos los machos del nuevo clan de Kahama que se había formado. Finalmente sólo quedo un adolescente. Sniff, y aunque de pequeño había compartido su infancia con los otros machos jóvenes del clan de Kasekela, cuando tuvo la mala suerte de ser atrapado por seis machos de Kasekela no hubo piedad para con él. Entre los seis machos le sometieron a la mayor paliza de todas las presenciadas hasta el momento, le golpearon sin piedad, le mordieron cruelmente, e incluso le rompieron una pierna como si fuera una rama seca. Sherry, un macho también adolescente, uno o dos años menor que Sniff, se ensañó impetuosamente con él y cuando finalmente lo dejaron estaba tan malherido que se presume que murió. Y aunque todos los machos que lo atacaron lo conocían y muchos como sherry habían jugado con él no hubo compasión.

Finalmente cuando ya habían acabado con todos los machos del nuevo grupo se metieron con las hembras adultas y con sus hijos jóvenes sin ninguna misericordia, clemencia o consideración. Así Wanda, Mandy y Madam Bee junto a sus hijos más pequeños sufrieron también la misma suerte que los machos solo se permitió vivir a las hembras jóvenes a las que se permitió integrase en el nuevo grupo. Unos meses después de que mataran a su madre. Madame Bee, su hija menor, Honey Bee, se trasladó también a Kasekela dando fin al clan de Kahama. Los machos, las hembras adultas y los machos jóvenes habían sido aniquilados uno por uno y sólo se había permitido vivir a las hembras más jóvenes a las que se había obligado a integrase en el nuevo grupo.

Por toda África ocurre lo mismo, basta que un grupo de primatólogos este el suficiente tiempo con un grupo de chimpancés para que lo observado en Gombe se repita una y otra vez. Toshisada Nishida primatólogo que ha estudiado a los chimpancés por más de veinte años en el Parque Nacional de las montañas de Mahale (Tanzania), ha observado el mismo fenómeno en Mahale. Estas noticias sobre la crueldad de los chimpancés, que al principio provenían de muy pocas fuentes, pronto gotearon como el agua en un grifo abierto y el goteo se convirtió en una corriente imposible de desestimar como algo anecdótico. Ahora ya sabíamos que los chimpancés mataban y que vivían en comunidades mutuamente hostiles entre sí.

La heterosexualidad pura del chimpancé conlleva asociada una violencia intolerable hacía todos los machos de fuera de su grupo, pero este fanatismo intransigente se traslada también a los machos de su grupo cuando este se divide y a las hembras más viajas y sus crías. En realidad sólo se permite vivir a las hembras jóvenes de los grupos rivales o vecinos y da igual que estos grupos sean escisiones del grupo dominante serán tratados como si fueran totalmente extraños. Aunque la violencia chimpancé está lejos de ser un hecho cotidiano cuando se desata es implacable. La propia Goodall durante muchos años pensó en ellos viendo sólo su cara amable, incluso compasiva no olvidemos que son primates sociales que se quieren y colaboran entre ellos. La extremada violencia entre machos nos muestra la cara menos amable de los chimpancés. La intolerancia ante otros machos ajenos a su clan independientemente de si son conocidos o no y su implacable territorialidad.

Pese a que los chimpancés pueden ser muy violentos como hemos visto, como contrapartida, sus grupos tienen poderosos mecanismos de control para que rara vez está violencia se desate y se escape al control en sus clanes. Y entre los miembros de un clan no es inusual preocuparse y ayudar al compañero herido, limpiar sus heridas, esperar al rezagado o proporcionar fruta o comida a los que ya no pueden trepar: los miembros enfermos o más viejos de la comunidad. E incluso se ha registrado una observación de campo en la que un chimpancé macho adoptó a una cría huérfana y enferma a la que transportaba y protegía de todo peligro aunque, presumiblemente, no tenía ningún parentesco con ella

El descubrimiento del lado oscuro y violento del chimpancé cambió las cosas para muchos pensadores con respecto a los chimpancés. La violencia observada en nuestros parientes antropoides más cercanos cambio las formas de ver al propio sapiens y algunos científicos pasaron a asegurar que estábamos diseñados para ser súper agresivos, más agresivos incluso que el chimpancé. Sin embargo la realidad de cada día de los machos sapiens no aprecia ese dato como algo cierto, no somos la clase de monstruos que creemos ver en los chimpancés, y aunque los humanos podemos ser mucho más violentos que los chimpancés, esa violencia no suele ser generalizada a todos los sapiens machos. La guerra de Putin en Ucrania que ya lleva miles de muertes inútiles solo ocurrió cuando el líder Vladímir Putin, un hijoputín, déspota un dictador ruso decidió que Rusia con sus 17,1 millones km² era demasiado pequeña para él y necesitaba más terreno. Y aunque sabemos que las atrocidades que es capaz de realizar el ser humano empequeñecen en millones a las del chimpancé, también comprobamos que la gran diferencia es que en el sapiens no se da esa enorme intolerancia a otros machos ajenos al grupo o al clan independientemente de si son conocidos o no. En nuestra especie la tolerancia entre machos desconocidos de diferentes grupos es un hecho que hemos normalizado como común aunque sólo lo sea en cualquier nuestra especie. Un hombre puede pasar frente a una pandilla de chicos en cualquier ciudad y normalmente no tendrá problemas. Un chimpancé que pasara frente a un grupo de machos conocidos entre si estaría dictando su sentencia de muerte.

Este comportamiento del chimpancé que lleva aparejada esa intolerancia entre machos es incompatible con cualquier civilización. Las civilizaciones necesitan cooperación y tolerancia entre los machos para que los grupos se puedan ayudar algo totalmente imposible en casos como el que acabamos de contar.

Luchas por el poder

Pero la violencia no sólo se produce entre machos de distintos clanes también es posible y habitual entre los machos dentro del mismos clan. Frans de Waal cuenta en uno de sus libros *"el mono que llevamos dentro"* lo que vivió cuando trabajaba en el zoo de Arnhem (Holanda) en su país natal. Una mañana lo llamaron a su casa para que acudiera urgentemente al zoo ya que uno de los machos alfa había sufrido la agresión de otros machos del grupo y yacía moribundo. El primatólogo, conocedor de lo violentos que pueden ser los machos, ya intuía que no le gustaría lo que presenciaría cuando acudió a la llamada. Luit, el macho alfa del grupo, había sido víctima de una lucha de poder organizada por otros dos machos rivales. Una pelea que había acabado siendo una carnicería. Cuando llegó de Waal el macho alfa estaba sentado sobre un charco de su propia sangre apoyado sobre los barrotes de la jaula. Mostraba mordeduras por todo el cuerpo, le habían amputado a mordiscos varios dedos de las manos y los pies y también le habían cercenado sus testículos. Había perdido tanta sangre que su vida pendía de un hilo, Luit murió en el quirófano.

Luit había sido víctima de una lucha por el poder dentro de su clan. Antes de Luit, la colonia de Arnhem estaba gobernada conjuntamente por Nikkie, un joven macho entrometido, y Yeroen, un macho viejo maquinador y conspirador. Nikkie era un macho musculoso no muy talentoso que se apoyaba en Yeroen, que ejercía su enorme influencia entre bastidores. Yeroen era un viejo macho astuto que zorrunamente explotaba en su beneficio con extrema habilidad y astucia las rivalidades entre los machos más jóvenes y fuertes que él. Durante cuatro largos años Nikkie gobernó apoyado por Yeroen, hasta que su coalición se deshizo a causa del sexo. Nikkie como alfa sólo dejaba que Yeroen se acercara a las hembras más deseables que guardaba para si, sin que ningún otro macho pudiera cubrirlas. El pacto amigable sólo se acabó cuando Nikkie decidió excluir también a Yeroen. Luit se aprovechó de esta ruptura y se convirtió en el nuevo macho alfa.

Luit había desplazado a los dos machos recientemente y estos machos depuestos en cuanto comprobaron lo que era vivir sin gobernar se reconciliaron y se aliaron para conspirar entre ellos para recuperar el poder perdido. Nikkie y Yeroen estaban desmoralizados y humillados por su pérdida de poder por lo que rehicieron su antigua coalición y en una acción perfectamente coordinada decidieron recuperar el poder. Al parecer un macho había agarrado al nuevo alfa mientras el otro se deshacía a mordiscos de él. Las coaliciones son peligrosas y clave en la conquista del poder, siempre pueden más dos o tres machos que uno solo. En los clanes ningún macho por muy fuerte que sea puede imponerse por sí solo al resto ya que si lo hiciera rápidamente podría ser desinstalado del poder por un grupo rival.

Entre los machos el rango lo es todo, cualquier macho intentará imponerse a otro que considere inferior, pero el poder no es eterno y siempre puede ser arrebatado por otro macho apoyado por una facción más potente. El rango tiene que defenderse constantemente ya que no es algo estático. Una forma de defenderlo es mediante coaliciones con otros machos de esta forma el rango queda fijado a titulo colectivo lo que lo hace más duradero. De esta forma si la coalición que detenta el poder es fuerte y es clara la jerarquía lo es y los otros machos no conspiraran por el poder. Esto permitirá un periodo de paz estable y sin tensiones donde se reducen las confrontaciones, pues los subordinados evitaran el conflicto hasta que de verdad puedan conseguir algo y los superiores están contentos con lo que tienen.

De Waal cuenta que si las hembras no hubieran estado encerradas en sus jaulas es posible que hubieran intervenido en apoyo de Luit y que hubieran impedido su muerte. Las hembras normalmente interrumpen los altercados descontrolados entre machos antes de que se descontrolen y acaben en muertes. La unidad femenina frente a los machos es importante entre los grandes simios las hembras gorilas pueden doblegar a un nuevo macho aliándose entre ellas para resistir sus cargas y después atacarlo. Las hembras de chimpancé también forman coaliciones para atacar a los machos que abusan demasiado de su rango superior. Se unen un gran número de hembras y el macho <<afortunado>> recibe tal paliza de muerdos y golpes que se apresura a poner tierra de por medio y mejora su comportamiento posterior por la cuenta que le tiene.

Las coaliciones también sirven para liberarse de los machos alfa despóticos. Goblin un macho alfa del parque nacional de Gombe (Tanzania), tras muchos años de dominio despótico, fue retado y atacado por conjunto de machos furiosos. Perdió una pelea contra el que sería el nuevo alfa que estaba respaldado por cuatro machos más jóvenes. Goblin acabo con heridas por todo el cuerpo y en el escroto y si no hubiera sido por la intervención de un veterinario que tras lanzarle un dardo tranquilizante le administró antibióticos posiblemente hubiera muerto. Se recuperó vagando solo por la selva sin dejarse ver por su comunidad, una vez recuperado volvió e intentó recuperar el liderazgo dirigiendo cargas intimidatorias contra el nuevo macho alfa. Lo que provocó que los otros machos del grupo salieran en defensa del alfa y lo golpearan y mordieran sin piedad por lo que casi se muere de nuevo pero fue salvado otra vez por los antibióticos del veterinario de campo. Goblin sólo pudo volver a ocupar un puesto en su comunidad cuando aceptó su rango inferior, y si no hubiera sido por la intervención humana hubiera muerto tras el primer enfrentamiento. Para los machos de chimpancé, el poder es una droga adictiva y afrodisiaca y una vez la prueban les cuesta demasiado dejarla.

Si bien es verdad que el macho alfa es el primero que come y el que elige las hembras en celo con las que desea emparejarse también es verdad que siempre tiene que estar bien despierto y atento a los cambios de poder que pueden producirse ya que una lucha con una coalición de machos puede acabar perfectamente con su vida. La pregunta es: ¿Los beneficios compensan el estrés del cargo y los peligros?

Los beneficios de ocupar los escalones más elevados de la jerarquía parecen claramente visibles, quizás esto explica el instinto de dominación y dominio de nuestros parientes primates. Sólo hay que contemplar la musculatura de un gorila macho con su impresionante cuerpo o los enormes caninos de un papión macho para comprender que son máquinas de guerra, carros de combate creadas por la evolución para derrotar a cualquier macho rival más débil y así cobrar los beneficios de ocupar el último escalón del poder asegurándose un buen alimento y un montón de hijos. Sólo las máquinas de matar más perfectas se aseguraran que sus genes continúen estando ahí, para el resto puede ser el fin de su linaje. Por tanto generación tras generación los chimpancés machos más belicosos y violentos ocupan las cimas del poder y obtienen sus réditos; de la misma manera que siempre los más apacibles, mansos, pacíficos y tranquilos serán arrinconados a la irrelevancia y al olvido con pocas o nulas posibilidades reproductivas.

En consecuencia la heterosexualidad pura de nuestros parientes primates ha convertido a sus machos en soldados con corazones de acero varones hechos principalmente para pelear y generar hijos peleones que sigan su camino.

Soldados maquiavélicos y violentos dispuestos a buscar los puntos débiles de sus rivales para aprovecharlos en el momento determinado con el fin de lograr encumbrase a lo más alto.

Sociedad de los chimpancés

La violencia que impera en las sociedades de chimpancés es evidente visto lo que hemos leído hasta aquí.

Un macho chimpancé casi desde que nace tiene que usar y emplear la violencia primero para hacerse valer sobre las hembras jóvenes, luego para buscar su posición dentro de los machos. Desde el primer momento a de intentar ser el más fuerte de todos para poderse convertir en alfa y tener las mejores hembras. Si por lo que sea no es así ha de intentar confabularse con quien crea que será el alfa para ayudarle en su posición de poder estando siempre atento a que no se forme un nuevo grupo que los desbanque.

Además si hubiera cerca otro grupo de chimpancés a de procurar no alejarse demasiado de su grupo y no hacerlo sólo ya que si fuera localizado por una pandilla vecina tiene su muerte asegurada. Y si su grupo crece lo suficientemente para dividirse en dos subgrupos rivales ha de intentar elegir bien la fracción que saldrá ganadora porque si no tarde o temprano acabará muriendo entre las manos de sus antiguos compañeros.

Capítulo 2. Bonobos, pervertidos

El término pansexual se compone con el prefijo pan-, que significa todo y la palabra sexualidad, los animales pansexuales, exclusivamente los bonobos, son completamente bisexuales perfectos, no restringen su sexualidad a la heterosexualidad, al género opuesto, ni al mismo género, homosexualidad, por tanto son en realidad seres bisexuales pero su bisexualidad es perfecta sin preferencias por los sexos. La única especie que puede considerarse pansexual es el bonobo ya que todos sus individuos son pansexuales. Aunque en el grupo del *Homo sapiens* existen también un pequeño grupo de individuos pansexuales para nada engloban a toda la especie.

Los bonobos fueron descubiertos por la ciencia hace menos de un siglo en 1929 en un museo belga mientras se examinaban cráneos de chimpancés. Al principio se pensó que el bonobo era un chimpancé juvenil pero luego después se comprobó que pertenecía a otra especie. Y se le dio el nombre científico de *Pan paniscus*. En vivo bonobos y chimpancés se comportan de manera tan diferente que sería imposible pensar que se trata de la misma especie. Los bonobos y los chimpancés tienen diferente proporción corporal, siendo los chimpancés son más robustos y los bonobos son más esbeltos.

En 2012 se publicaba un artículo en la revista científica *Nature* con la secuenciación genómica del bonobo. Al igual que los chimpancés, los bonobos comparten un 98,7% del genoma con los humanos. Sin embargo entre los chimpancés y los bonobos, las únicas especies del género *Pan*, la semejanza genética es de un 99,6% en parte es normal ya que estas dos especies se diferenciaron solo hace dos millones de años. Con tal semejanza genómica se podría pensar que los dos grupos son tan semejantes, casi iguales, que serían indistinguibles sin embargo socialmente no pueden tener comportamientos más diferentes. Cuando los primatólogos estudiaron a los bonobos, el último de los grandes primates descubiertos, se dieron cuenta de que era un primate muy atípico diferente al resto de los grandes simios conocidos.

El bonobo es en esencia el primate bueno entre todos los grandes simios, nada que ver con el resto de los miembros de la familia de primates. El bonobo se caracteriza por tener un pacífico comportamiento que se debe completamente a su sexualidad pansexual fundamental para que sus sociedades funcionen. El sexo pansexual del bonobo es más social que procreativo aunque sea ambas cosas a la vez. Para un bonobo todo se soluciona con el sexo social, el sexo lo invade todo en su día a día, e implica tanto a individuos del mismo sexo como del contrario e incluso a grupos, no es para nada el sexo reproductivo del chimpancé o de otros grandes simios es sobre todo sexo social de una importancia inusitada como veremos.

Como vimos en el capítulo anterior, los machos heterosexuales chimpancés son agresivos, muy territoriales y utilizan la agresión y la violencia como algo natural de manera que forma parte innata de sus sociedades para dominar y competir con los demás individuos del clan. En cambio, los machos pansexuales bonobos son pacíficos y por tanto poco violentos; utilizan el sexo como herramienta para la unión social y la reducción del estrés.

El bonobo en cambio se caracteriza por su enorme apetito sexual, un apetito sexual que incomoda a muchas de las sociedades humanas actuales sobre todo a las occidentales ya que en general somos misóginos con respecto al sexo.

Bajo las faldas de mamá

En la naturaleza tanto en los grupos de chimpancés como en el de bonobos son las hembras jóvenes las que emigran, los machos viven toda su vida en los grupos en que nacieron. Pero como hemos visto ya cuando los grupos de chimpancés se hacen demasiado grandes se dividen y algunos de sus machos se van con sus nuevos grupos.

Los zoológicos, que ahora están muy mal vistos, hacen una labor fundamental en la conservación de especies animales y en el estudio de su comportamiento, aunque en su origen fueran concebidos para exponer a la vista del público de las ciudades a cientos de animales exóticos hoy han evolucionado para convertirse en algo muy diferente y ante la enorme degradación de los hábitats cada día son más necesarios para ayudar a proteger a miles de especies de la extinción. Los grandes zoológicos de hoy son, más que nada centros de investigación cuya función principal es la de asegurar la supervivencia de especies amenazadas de extinción, los estudios etológicos, programas de reproducción compartiendo animales con otros zoos y la reintroducción de animales en sus hábitats naturales. Por tanto los zoológicos se han ganado el derecho a existir, han ganado muchas nuevas funciones esenciales en la actualidad cuando nuestra civilización está cargándose el planeta y cada día miles de especies pierden parte de sus terrenos y se ven abocados a la desaparición y a la extinción. Tampoco han perdido su primera función de exhibición, una función, hoy muy criticada, pero importante para que millones de ciudadanos vean a otros seres vivos y se conciencien de la importancia de que no desaparezcan ninguno de ellos para siempre. Los zoos únicamente expositores de animales exóticos del pasado ya prácticamente no existen y los que hay poco a poco van adquiriendo las funciones esenciales que se han impuesto en todos los zoológicos más importantes del mundo. No debemos olvidar que la acción humana y el incesante crecimiento de nuestras poblaciones está haciendo desaparecer o degradando muchos hábitats naturales vírgenes hasta tal punto que en algunos ya están tan degradados que es imposible mantener en ellos a las poblaciones en estado salvaje que mantenían ya que se han convertido en hábitats inviables. Por tanto es obligatorio que estas especies se puedan mantener y reproducir en algún otro lugar, a fin de garantizar su supervivencia y llegado el momento si se recupera el hábitat intentar su reintroducción. Además los zoos son una herramienta etológica importante ya que ayudan a comprender a algunos de los animales que viven allí con el estudio de su comportamiento.

En el pasado la ignorancia hacía que los zoológicos trataran a los bonobos como si fueran un mamífero más y se intercambiaban entre ellos machos en vez de hembras y si tenían que enviar a otro zoo bonobos para la reproducción siempre se elegían individuos masculinos en vez de hembras. En la naturaleza son las hembras jóvenes las que migran y dejan su grupo para incorporarse a otro por lo que la hostilidad que presentaban las hembras bonobo ante estos machos recién llegados era impactante en animales de por si pacíficos y puesto que los bonobos no son violentos chocaba esta agresividad cuando se introduce un macho extraño en sus comunidades.

La jerarquía también es importante entre los bonobos, pues los machos alfa comerán mucho mejor y tendrán muchos más hijos que los betas, pero no es para nada tan importante como en los chimpancés además la forma de establecerla es muy diferente. Los machos siempre permanecen en el clan bajo la protección de sus madres. Y su jerarquía entre los otros machos no depende de ellos, de sus luchas con otros machos, como en el caso de los chimpancés, sino de la jerarquía materna. Frans de Waal cuenta el caso de una hembra bonobo alfa de nombre Kame que tenía tres hijos. Bajo su protección sus hijos ocupaban una posición alfa predominante entre los machos pero cuando se hizo vieja y se debilito y ya no pudo defender la posición de sus hijos como en los viejos tiempos. El hijo de otra hembra, con el respaldo de su madre, que vio este debilitamiento desafió a los hijos de Kame, los choques fueron en aumento hasta que ambas madres acabaron peleando. Kame perdió la pelea y a partir de entonces sus hijos bajaron de rango que fue ocupado por el hijo de la ganadora.

Los hijos de Kame nunca se unieron entre ellos para luchar con el hijo de la otra hembra todo ocurrió a cargo de sus madres. Algo impensable entre los chimpancés donde los hermanos hubieran establecido una alianza entre ellos sin contar con su madre. Pero en los bonobos no son los machos los que mandan sino las hembras.

Una sociedad matriarcal

Entre los bonobos son las hembras las que mandan, las que gobiernan sus comunidades. La jerarquía no se basa en la fuerza sino más bien en la experiencia y el grupo dominante siempre estará integrado por hembras adultas de más de treinta años. La experiencia es más importante que la fuerza en la jerarquía de los bonobos esto hace que la posición alfa pueda permanecer incontestada por décadas y solo cuando verdaderamente declina física o mentalmente será desalojada por una sustituta.

Las hembras adultas ejercen un poder enorme sobre las más jóvenes que las contemplan como figuras maternas ya que sus madres se encuentran en otros grupos lejanos. Por tanto cuando las hembras adultas se enfadan con las jóvenes recién llegadas sólo tienen que rechazar la sociabilización para que estas rápidamente se sometan y busquen el acercamiento de nuevo.

A diferencia del cargo de macho alfa del chimpancé que desde su triunfo ha de estar expectante ante la posibilidad de que le arrebaten el puesto e incluso la vida para una hembra alfa bonobo hacerse vieja en el cargo no es un gran problema es algo natural ya que no se verá cuestionada hasta que realmente se quede sin fuerzas o sin mente ya que en el régimen matriarcal los cambios sociales son menos frecuentes, menos violentos y menos hostiles. Nada que ver con el régimen de dominancia masculina de los chimpancés donde el macho alfa tiene que estar en forma, mantener su grupo de apoyo y estar constantemente atento para no ser desalojado del mando por otros machos. Para un macho chimpancé la vejez nunca es una ventaja, es su camino a su defenestración por la pérdida de su potencia y vigor algo que no cuenta para una hembra bonobo que será más sabía. Si una hembra bonobo puede durar décadas en el poder el macho chimpancé solo puede aspirar a unos años ya que a medida que el tiempo avance aparecerá un joven más fuerte que con los aliados adecuados lo reemplazara.

Como ya hemos visto, a diferencia de los machos chimpancés, los bonobos machos dependen de sus madres para escalar en el rango. Y aunque el macho bonobo también está pendiente de cada oportunidad que se presente para escalar el rango sabe que si su madre no tiene suficiente fuerza no tiene nada que hacer.

La sociedad bonoba es tan inmóvil a los cambios de poder que proporciona una extraña estabilidad para todos sus miembros desconocida en las sociedades chimpancés. Las posibilidades de cambio aparecen tan espaciadas en el tiempo, solo cuando una hembra vieja se debilita o muere no antes, que muchos miembros del clan puede que sólo vean una sustitución en el mando del clan en su vida.

El macho bonobo no tiene la capacidad de establecer alianzas con otros machos por tanto es menos libre que el macho chimpancé ya que depende únicamente el vínculo maternal para ascender o descender en la escala de poder pero como consecuencia de esto tiene la ventaja de que vive menos estresado que sus parientes chimpancés y en consecuencia vive más tiempo por lo que muere siempre más viejo de promedio que el chimpancé. El macho bonobo no tiene el control sobre su propio destino algo de que los machos chimpancés y humanos gozan y entienden como un derecho natural.

Las hembras de bonobo jóvenes al igual que las del chimpancé salen de sus grupos en la pubertad para ir a instalarse en otros clanes. Las hembras mayores siempre dominan a las recién llegadas pero las bonobas lo tienen más fácil que las chimpancés que deben ganarse a pulso en rango entre las hembras de la nueva comunidad. Las hembras bonobas buscan integrase de otra manera a través del sexo social para ello buscan el amparo y el padrinazgo de una hembra mayor residente. La acicalan, la acarician y finalmente tienen relaciones sexuales con ella mediante frotación de sus clítoris, frotación genito-genital. Esta práctica también se realiza entre las hembras lesbianas de los sapiens y se conoce con el término de tribadismo o hacer la tijera es una antigua práctica conocida desde la antigüedad pero que actualmente se ha vuelto a poner de moda.

La hembra adulta bonoba que ha tenido relaciones con la joven recién llegada se convierte desde este momento en su benefactora y protectora con lo que la joven se integrará apadrinada a su nuevo grupo. Con el tiempo será ella la que apadrinará a una nueva joven forastera que llega para integrarse en el nuevo grupo en un bucle sin fin.

Un joven chimpancé o un joven bonobo que se separen de su grupo nunca serán aceptados en otro grupo y estarán condenados a la soledad o a la muerte pero nunca serán integrados en un nuevo grupo por muy jóvenes que sean. (No tengo muy claro que esto fuera así en los primitivos grupos sapiens y creo firmemente que un joven macho podría integrarse en otro clan, posiblemente de la misma forma que se integran las hembras bonobas, teniendo sexo con otro macho adulto.)

Sin línea divisoria entre sexualidad y afecto

Para los bonobos, machos o hembras, no hay línea divisoria entre sexualidad y afecto ya que los bonobos son unos simios con un enorme apetito sexual. Los bonobos son empáticos por naturaleza, esta empatía les permite conocer las necesidades y deseos de sus compañeros y actuar en consecuencia.

Los bonobos viven en las selvas densas y pantanosas del Zaire. Los investigadores que los siguen en ciertas circunstancias dejan unos trozos de caña de azúcar en claros para observar su comportamiento y lo que han observado es que los machos si llegan primero intentan apropiarse de toda la caña de azúcar que puedan antes de que lleguen las matriarcas que una vez allí se apoderaran de las mejores raciones pero antes de comer habrá una orgia sexual que luego permitirá un reparto más justo de la comida.

Pese a que los machos son mayores en tamaño y más fuertes que las hembras la dominancia en sus sociedades es matriarcal. Esta dominancia se debe a que las hembras establecen entre ellas relaciones sexuales que entre los machos no se dan. Dos hembras desconocidas una vez se encuentran tendrán inmediatamente sexo por frotación de sus vaginas lo que se denomina frotamiento genito-genital o G-G y a partir de ese momento se establece un vínculo entre ambas y si es necesario que se enfrenten juntas a un macho lo harán. El sexo por frotamiento genito-genital a medida que se afianza con el tiempo produce fuertes lazos entre las hembras que lo practican y les permite dominar a los machos.

Fran de Waal cuenta que en una visita al zoo de San Diego donde antiguamente había estado trabajado una bonoba lo llamó en cuanto sintió su voz con sus típicos chillidos, cuando se acercó a saludarla esta le presentó sus genitales globosos mientras le hacía gestos con los brazos para invitarle al tener sexo de saludo. Luego junto con un excompañero del zoo se dirigieron a ver a un macho bonobo que apreciaba, el macho con una erección de caballo le enseñó primero el trasero y luego su barriga al cuidador para que este lo acariciará. Aunque esto parezca una situación extraña no lo es en absoluto, es la actuación normal de cualquier macho bonobo y no se trata de un bonobo gay, que no los hay, sino de un típico bonobo afectivo ya que en esta especie no existe distinción entre el afecto y el sexo.

Los contactos sexuales entre los bonobos, machos con machos, hembras con hembras o mixtos son comunes y frecuentes a cualquier hora del día, en las dos horas de la visita al zoo de Waal contó seis encuentros sexuales y recuerda que cuando trabajó allí contó setecientos encuentros sexuales en un solo invierno.

Cualquier roce entre bonobos grande o pequeño acabará en un contacto sexual que sirve para limar asperezas, de la misma manera que un saludo puede empezar o finalizar en un contacto sexual. Algo impensable entre los chimpancés o entre los sapiens ¿se puede imaginar alguien a dos conductores que estuvieran gritándose e insultándose salir del coche y en vez de apalearse tener un contacto sexual con el fin de acabar con el conflicto?

Evidentemente las diferencias de comportamiento entre sapiens y bonobos son enormes. Tan enormes como las diferencias que rigen entre las dos especies de grandes simios.

Se estima que la mayor parte de las relaciones sexuales que se establecen entre los bonobos no tienen nada que ver con el acto de la reproducción de la especie y además muchas veces son relaciones lésbicas u homosexuales. Si en el chimpancé el sexo es exclusivamente reproductivo las relaciones reproductivas típicamente dichas en el bonobo estarían en franca minoría con un 25% de las relaciones sexuales frente a un 75% que no tienen nada que ver con la reproducción, pues para el bonobo el sexo es también y sobre todo un acto social por el tiempo que le ocupa. Para los bonobos la expresión sexual es algo normal impreso en su forma de ser y de vivir. Para ellos que son pansexuales perfectos, una relación homosexual es tan apetecible como una heterosexual, si tienen que frotarse las vulvas entre dos hembras lo harán lo mismo que dos machos pueden luchar y jugar con sus penes erectos como espadas o una hembra restregar su vagina sobre algún miembro masculino. Para ellos disfrutar del erotismo y obtener sus réditos es lo único importante y es lo que les permite disfrutar de una vida donde el erotismo es una constante y el sexo una herramienta social muy importante o principal. El sexo en esta familia de primates ya no tiene sólo la función reproductiva que tiene en sus parientes chimpancés sino una nueva función social tan importante como la otra. Por tanto las orgias, los tríos, los contactos lésbicos, los homosexuales o lo heterosexuales y los simples encuentros casuales se producen entre todos los miembros independientemente de su edad o de su sexo. La sexualidad entendida socialmente es simplemente así, es agradable, es placentera y permite cohesionar al grupo y reducir la violencia al máximo. En nuestra especie el sexo además de la función reproductiva también tiene una función social aunque no sea tan importante como en los bonobos.

Los bonobos despliegan conductas sexuales para solucionar cualquier conflicto social, el sexo es tan frecuentemente empleado como herramienta social que domina parte del tiempo de sus vidas. Se usa para la reconciliación o para evitar que estalle un conflicto entre otras muchas más como para saludar. Los bonobos usan literalmente el lema antimilitarista de los norteamericanos de los 60's contra la guerra del Vietnam: *"haz el amor y no la guerra"*. Para los bonobos este es un principio fundamental que rige sus vidas y les funciona perfectamente.

Se sabe que durante las relaciones sexuales se produce oxitocina que actúa sobre las partes del cerebro encargadas de fortalecer los vínculos entre los individuos. Por tanto los individuos que establecen relaciones entre ellos tienden a reconciliarse mucho más fácilmente que aquellos que no se relacionan sexualmente.

Antes de alimentarse los machos y las hembras mantienen relaciones sexuales entre ellos lo que amortigua las posibles riñas que podrían darse entre los diferentes individuos por el alimento y de esta forma la competencia por el alimento se verá muy disminuida.

En los bonobos el sexo es un acto social que impregna toda su vida, el saludo puede implicar un acto sexual, la antesala de la comida y cualquier acto de reconciliación entre individuos está impregnada de sexo. No se trata de un sexo escondido y cautivo como el que ocurre entre los sapiens sino uno orgulloso natural, desinhibido y visual. Está naturalidad en el sexo entre los bonobos es vista con cierto pudor entre muchos de los investigadores occidentales que investigan su conducta, para los cuales el sexo es algo escondido e impúdico. Nada que ver con la concepción que del sexo tienen los bonobos.

Sociedad de los bonobos

La violencia ha desaparecido de las sociedades matriarcales bonobas. Las hembras establecen contactos sexuales entre ellas que les permiten fraguar grupos de poder que dominan a los machos.

Un macho bonobo desde que nace depende de su madre durante casi toda su vida y su rango dependerá del que ella ocupe. Pero no tiene que usar y emplear la violencia para hacerse valer y buscar su posición dentro de los machos. No necesita intentar ser el más fuerte de todos para poderse convertir en alfa y tener las mejores hembras ya se encarga su madre de darle la posición que le toca. La confabulación con otros machos está por tanto totalmente descartada. El nivel de estrés de su vida es mucho menor que el de su pariente chimpancé por lo que su esperanza de vida desde su nacimiento es siempre mayor.

Además la guerra contra otros grupos de bonobos no supone una constante en sus sociedades pacíficas y matriarcales. Dedicará una importante parte de su vida y de su tiempo al sexo social con otros miembros del grupo: hembras y machos con el fin de detener cualquier acto de violencia.

Capítulo 3 Sapiens, bisexuales pervertidos

Es evidente que los Homo sapiens son socialmente diferentes a sus primos los chimpancés y a los bonobos. En este libro tal como expuse en la introducción creo correcta la hipótesis de Santiago de la Iglesia Turiño y pienso que es la explicación más lógica para explicar por qué nos convertimos en la especie triunfadora, además es la interpretación más simple con la suerte de que en otra familia de grandes simios la de los *Pan* se produce algo parecido y siguiendo el criterio de la navaja de Ockham

Los machos sapiens se caracterizan por tener cada uno de ellos un comportamiento diferente, no son como los chimpancés, ni como los bonobos ni tampoco una mezcla entre ambos, no siguen un único prototipo. Los hay violentos como los chimpancés y pacíficos como los bonobos pero la mayoría son una mezcla fragmentada entre los dos extremos. La sexualidad sapiens no es la heterosexual reproductiva del chimpancé, ni la sexualidad social del bonobo que lo impregna todo, es una bisexualidad graduada exclusiva del género sapiens.

La escala Kinsey de sexualidad

Desde la implantación de los monoteísmos hace más de 2000 años todas las culturas humanas se han vuelto escandalosamente homófobas y sin embargo sin importar cuán represivas sean esas culturas los homosexuales absolutos, aquellos exclusivamente gais, no desaparecen y siempre constituyen una fracción significativa de las poblaciones tanto masculina como femenina: Nunca se trata de uno entre miles o millares como podría darse en cualquier otra especie de mamíferos o aves, en nuestra especie siempre hay una proporción muy superior y siempre hay algún gay o lesbiana en unas pocas decenas o cientos. Pero además entre todos los demás hombres y mujeres que no son homosexuales siempre hay alguno que ha tenido, desea o sueña con tener o bien tendrá en un futuro una relación con un individuo de su mismo sexo. Por tanto es evidente que la sexualidad humana es muy diferente a la heterosexualidad de cualquier otro mamífero, muchos de sus parientes primates y de cualquier otro animal conocido. Por tanto podemos decir sin temor a equivocarnos que la sexualidad de los humanos es única. Aunque las religiones han orientado a todas las sociedades a clasificar la sexualidad de una manera sencilla como si fuéramos mamíferos con sexualidad simple como los demás donde sólo cupiera la heterosexual reproductiva la realidad del día a día entre los sapiens se encarga de indicarnos que está premisa tan simple es errónea ya que nunca se cumple en ninguna de nuestras sociedades. La heterosexualidad reproductiva y exclusiva predicada como la única natural y aceptable y buena es tan beneficiosa y pacífica como la han intentado vender sólo hay que contemplar y observar a casi todos los grandes simios, sobre todo a los chimpancés, para darse cuenta. Nos guste o no, la sexualidad de nuestra especie sapiens es propia y diferente de la del resto de animales por mucho que se haya intentado imponer el estándar común de los mamíferos durante tantísimo tiempo. Incluso con el sexo demonizado durante tanto tiempo, que hoy resulta impúdico, la sexualidad humana siempre ha sabido buscar los rincones y las mínimas grietas para aparecer y ni en el pasado, ni en aquellas sociedades que la han prohibido con penas de muerte han logrado cambiar los sentimientos humanos que siempre son los que son se escondan o no. Nos guste o no, en nuestra especie como en los bonobos, el sexo no sólo tiene función reproductiva tiene también una importancia social. La bisexualidad en sus siete porciones, la pansexualidad, la homosexualidad y la transexualidad son elementos comunes al sexo humano nos guste o no. Pese a que a muchos sapiens les gusta pensar que la sexualidad humana es tan simple como la animal reproductiva es evidente que nuestra sexualidad no encaja en ese sencillo esquema y aunque intentemos meterla con calzador nunca cuela.

Si lo piensan bien detenidamente y con calma verán que en realidad no hay nada tan complicado en los sapiens como la sexualidad, tenemos homosexuales y lesbianas puros, pansexuales o bisexuales puros, heterosexuales, homosexuales y heterosexuales que pican más o menos frecuentemente de la heterosexualidad o de la homosexualidad. Y cuanto más libres se muestran las sociedades más se liberan las opciones sexuales, en Europa la sexualidad que pudieron vivir nuestros padres en nada se parece a la de sus nietos. La represión consiguió esconder el deseo, pero esconder no significa anular. Además tenemos personas transexuales, y por si esto no fuera suficiente la sexualidad puede variar significativamente en las diferentes etapas de la vida de las personas. ¡No! Y ¡No! La sexualidad del sapiens no encaja para nada en el esquema sencillo donde las distintas sociedades han intentado encajarla durante los últimos dos milenios. Imponer la heterosexualidad pura a las poblaciones que controlaban nunca ha podido variar los sentimientos individuales de ningún humano. Esta obligación sólo ha causado dolor innecesario a millones de individuos que tenían que negarse a si mismos y a sus sentimientos como si fueran erróneos o demoniacos en vez simplemente naturales, humanos y sapiens. Y lo peor de todo es que es casi seguro que si buscamos entre los distintos personajes que han intentado imponer esta concepción súper sencilla de la sexualidad reproductiva y reprimir con dureza encontraremos a más de un homosexual que no se aceptaba a si mismo.

La idea de una bisexualidad graduada que razonablemente encaja muchísimo mejor con el comportamiento de los sapiens parece ser siempre considerada como una especie de disparate que sólo durara unos pocos minutos o segundos para ser rápidamente descartada para volver una y otra vez a la conocida y rotunda heterosexualidad de casi todos los demás primates que definitivamente no encaja con nuestra rica sexualidad.

Nadie ha visto nunca a un chimpancé macho gay y sin embargo comparamos una y otra vez la heterosexualidad pura de los chimpancés o de otros mamíferos con la nuestra para ponerla de modelo, un modelo que está muy alejado de nuestro modelo. Si nos paramos a comparar por poco que profundicemos detenidamente veremos que esta equiparación no encaja con la realidad de la vida sexual del sapiens que siempre es más amplia y siempre necesita de algún añadido por delante, por el medio y por detrás y ni aun así logra encajar. A las religiones siempre les ha gustado añadir como normal a unos pocos pervertidos que por vicio y en contra de toda la bioquímica de la atracción sexual heterosexual deciden por su propio albedrío, o susurrados por un ser satánico indeterminado, involucrase en relaciones innaturales con otros individuos de su mismo sexo. Se dejan atrás de lado todas las demás posibilidades que cada segundo ocurren en algún lugar determinado del mundo centrados en la más profunda intolerancia y desconocimiento como si no existieran pero el que no se nombren no significa que no existan.

A ningún chimpancé le atraen los individuos de su propio sexo y es casi seguro que nunca se involucrará con ellos; algo parecido debería sucederles a los heterosexual puros, a las lesbianas y los homosexuales puros pero para el gran y predominante resto mucho más amplio que los extremos puros donde los límites no están para nada tan claros esto no debería ser así.

La homosexualidad siempre es relacionada con el: <<por puro vicio>> y esto es entender poco de la bioquímica humana al dar a entender que cualquier individuo pueda decir quien le gusta o disgusta voluntariamente sin atender para nada a su cerebro que no controla. Pese a la ilógica de toda está perorata siempre chillada a modo de soflama, pero siempre aceptada como una verdad suprema por millones de personas en todo el mundo, la realidad es muy distinta. Lo más indignante de todo esto es que muchos de quienes promueven y predican estas falsas verdades son ellos mismos homosexuales o lesbianas o mucho peor por enfermos pederastas. Al parecer es fácil de entender o aceptar que una chica blanca y heterosexual se morree con una amiga sin que ninguna de las dos chicas se tenga que etiquetar como bisexual y sin que sus novios se enfaden. Por alguna razón siempre ha sido más difícil de aceptar, a veces ha sido incluso imposible de admitir, que dos hombres heterosexuales puedan tener algún tipo de contacto homosexual libre y consentido puntual y comúnmente aceptado. Jane Ward escribe en su libro *"Not a gay"* sobre relaciones de sexo gay entre hombres blancos heterosexuales. En el libro nos describe la infinidad de casos, que ocurren día a día en los USA, de actos pura y simplemente homosexuales pero que al parecer no implican que estos chicos sientan la necesidad de etiquetarse como diferentes de los otros heterosexuales. Es como si de pronto la heterosexualidad ya incluyera en el recetario los contactos gais, pero si hemos de ser estrictos en ninguna otra especie primate o mamífera la heterosexualidad consigna e incluye ningún tipo de sexo homosexual. Por tanto está heterosexualidad no es para nada la heterosexualidad reproductiva del resto de mamíferos por mucho que se la equipare.

Además las relaciones homosexuales son una realidad constante en muchas situaciones que agrupan a hombres o mujeres solas: entre los jóvenes militares de todo el mundo en su trato diario, en las cárceles, en los colegios mixtos o no y las hermandades con sus rituales sexuales de iniciación. Pero además, según el libro, a veces algunos hombres heterosexuales necesitan acudir a baños públicos con el deseo de tener sexo gay o una mamada de otro hombre. Hoy en día ir a baños públicos es innecesario ya que basta con usar alguna aplicación gay del móvil que facilita esta necesidad de tener contactos con el mismo sexo de una manera increíblemente fácil. Pese a todo y después del sexo homosexual muchos de estos hombres no consideran para nada que no sean más que puros heterosexuales machotes, para ellos el masturbarse con otros hombres, hacerse felaciones mutuas o incluso penetraciones anales parecen estar incluidas dentro de su heterosexualidad pura ya que razonablemente no se consideren gais porque estrictamente hablando no lo son, solo son bisexuales sapiens. Aunque muy de vez en cuando necesiten del sexo homosexual su sexo predominante es el heterosexual. Y aunque resulte paradójico este sexo homosexual incluido dentro de la heterosexualidad no sólo no está prohibido en la mente de esos chicos sino que sirve como refuerzo y reafirma su hombría y la identidad racial de estos sujetos. Así se pueden definir como puros heterosexuales pero esta sexualidad quiéranlo o no solo puede entenderse, en realidad, como perteneciente a alguno de los siete grados de bisexualidad graduada. Pese a que visto desde fuera el comportamiento de estos jóvenes pueda parecer que simplemente se trata de gais que no se reconocen, y por tanto una forma de deslizarse a escondidas hacia una forma de ser gay esto en realidad muy frecuentemente no es así ya que sólo sirve para garantizar a estos hombres jóvenes su heterosexualidad a corto y largo término eso si articulada en la complejidad que caracteriza la sexualidad humana en muy poco equiparable a la de los mamíferos en general. Por lo que paradójicamente estos jóvenes hombres blancos pueden participar del sexo homosexual y experimentar sus placeres sin necesidad de definirse gais y sintiéndose siempre como puros heterosexuales o machotes. Pero con independencia de cómo se definan o como se sientan estos hombres, vistas desde fuera estas relaciones sólo pueden y deben definirse como relaciones bisexuales graduadas más que dentro del grupo de heterosexualidad pura. Aunque es más que evidente que para todos estos individuos a futuro todas esas relaciones finalmente acabara predominando la parte heterosexual del individuo, no son individuos estrictamente heterosexuales por mucho que les guste, son bisexuales graduados. En el mismo momento en que el sexo involucra a un individuo con otro del mismo sexo se trata de sexo homosexual, y es un acto sexual homosexual por muy heterosexual que se considere o consideren sus protagonistas y el hecho de que se pueda disfrutar del sexo con hombres y con mujeres se define como bisexualidad y no como heterosexualidad.

Por tanto nos debe quedar claro que la definición de la sexualidad humana en dos o tres categorías distintas como se la ha intentado enmarcar durante los últimos siglos es errónea y sobre todo lo es por lo que peca de incompleta y no es capaz de dar cabida a todos sus individuos y lo que sucede en sus cabezas y en sus camas.

Por tanto, no podemos decir con rigor científico que haya un grupo muy grande de heterosexuales, un grupo pequeño de homosexuales y un mínimo de pansexuales ya que no es real lo que definimos y no se corresponde a la verdadera sexualidad de los sapiens. Pues como hemos visto dentro del grupo amplísimo de los heterosexuales no hay un sentimiento único. Hay un grupo enorme que ha tenido o deseado algún tipo de relación sexual con individuos del mismo sexo, otros que desean relacionarse con travestis no operados y otro grupo que para nada ha sentido ninguna necesidad de relacionarse sexualmente con otros individuos de su mismo sexo. Incluso dentro de la misma homosexualidad no hay homogeneidad total hay división de individuos, aquellos que solo se sienten atraídos por individuos de su mismo sexo y otros que esporádicamente pueden tener sexo con el sexo opuesto aunque prefieran el sexo con su propio sexo. Aunque parezca sencilla la sexualidad humana es demasiado compleja para etiquetarla e igualarla con la simple heterosexualidad animal reproductiva del resto de los primates o de los mamíferos.

Hoy por hoy, si queremos encontrar heterosexuales puros al parecer debemos buscarlos en el fútbol masculino ya que allí no han llegado apenas al parecer los instintos homosexuales y si han llegado se esconden tan profundamente en las taquillas de los estadios que parece imposible sacarlos de allí. Aunque en 2021 un futbolista australiano se declaró gay y salió del armario muy pocos más le siguieron. Pero si alguien cree fervientemente que entre los millones de jugadores de fútbol masculinos no existen gais, pansexuales y bisexuales activos está haciendo un acto de fe. Se trata de machos sapiens y su sexualidad es como la del resto de la especie por mucho que se esconda en taquillas forradas de cobre.

Donde sí ha llegado la libertad sexual es a la pequeña pantalla donde cientos de series y películas occidentales tratan sin miedo y con libertad la sexualidad pero el problema grave es que aún lo hacen encorsetándola en el sistema irreal de los tres sexos: heterosexuales, homosexuales y pansexuales. En cualquier serie o película actual que trate el tema cualquier relación entre individuos del mismo sexo dirige irrevocablemente a estos hacia la homosexualidad pura y como hemos visto antes que nos contaba Jane Ward en su libro no es así. El hecho de que un adolescente tenga uno o varios contactos gay para nada lo convierte en homosexual muy perfectamente su vida posterior puede ser totalmente o casi totalmente heterosexual, no tiene por qué preferir las relaciones homosexuales a las heterosexuales. Que una chica o un chico tengan relaciones homosexuales no necesariamente los convierte en gais o lesbianas simplemente les permite explorar una parte de su sexualidad sin necesidad de que sea de otra forma y enseñarlo en la pequeña pantalla sólo es reflejar la realidad, hay muchos adolescentes que se besaran o pajearan juntos sin que tengan que ser homosexuales. Por lo que está visión tan irreal que nos narran las películas, como totalmente verdadera, sólo puede confundir aún más a sus clientes contándoles una verdad muy sesgada. Un adolescente muchas veces está tan inseguro de su sexualidad como seguro que saldrán las estrellas a brillar en una noche sin luna, por lo que se lo pinten de un color azul o rosa diciéndoles que es lo único que hay no es real por mucho que se olviden los otros cinco colores también existen. La serie española de netflix, élite, aunque trata el tema de la sexualidad sin miedo realmente no refleja toda la realidad de la rica sexualidad de los sapiens adolescentes allí sólo existen los tres sexos bien e irrealmente marcados y todo lo demás desaparece como si de verdad no existiera. Los otros actos sexuales por no narrados no son irreales e inexistentes. Lo peor es que cualquier chaval o chavala de los millones de seguidores de la serie en todo el mundo acabará pensando que cualquier contacto con el sexo homosexualidad te redirige inexorablemente y definitivamente hacía la homosexualidad pura cuando esto no es para nada verdad es sólo un cliché de la televisión y del cine. Desde luego la realidad no es así, la bisexualidad humana es muy amplia.

Millones de chicos y chicas se han besado y masturbado con individuos de su mismo sexo sin que ello nunca les haya impedido enamorarse de su pareja del otro sexo cuando ha llegado el momento. Y lo peor de todo es que estas relaciones que son tan mayoritarias se esconden en lo más profundo de las mentes de sus autores negándolas como si fueran algo pecaminoso, algo individual, único, misterioso, chocante, extraño, raro, insólito o excepcional como si sólo le hubiera sucedido a ellos cuando es una experiencia compartida por millones a lo largo del ancho mundo. Algunos individuos lo esconden en sus mentes sintiéndose culpables de por vida, otros piensan que fue un pecado de juventud, otros que se impusieron y lograron vencer los satánicos instintos homosexuales, otros simplemente piensan que fue un juego de adolescentes y finalmente están los que ni siquiera lo recuerdan de tan profundo que lo guardan. Si estas series y películas mostraran más la sexualidad del sapiens y no la sexualidad estereotipada del sapiens otro gallo cantaría y millones de hombres y mujeres de todo el mundo verían que no son tan diferentes del resto y que lo que sienten o sintieron está dentro de lo que se podría esperar de un sapiens normal y corriente. Los individuos deben comprender que su sexualidad está encuadrada en uno de los siete grupos de la sexualidad del *Homo sapiens* y con ello darse cuenta que cuando tu biología no te dirige a la homosexualidad puedes escapar de ella si quieres pero cuando tu biología te dirige hacía allí estas ligado irreversiblemente a ella.

Por si lo anterior fuera poco, para un homosexual fuera del armario e incluido en el ambiente, un bisexual, cualquier bisexual, es un homosexual encubierto. Puesto que para él como homosexual puro la única atracción que existe o la más potente es hacía individuos del mismo sexo tiende a simplificar al máximo la sexualidad de nuestra especie comparándola con la suya y acepta y difunde como un dogma de fe que en la práctica sólo existen dos sexualidades la heterosexual y la homosexual. Sin embargo si esos gais se pudieran introducir en la mente del enorme sinfín de seres humanos bisexuales heptaseptados que pueblan nuestro planeta comprobarían lo equivocados que están. Pues en realidad son muy pocos los individuos heterosexuales puros en cuestión de sexo y desde luego cada heterosexual es un mundo.

Informe Kinsey

Más de setenta años después de la publicación de su informe y más de sesenta años después de su muerte Kinsey sigue estando muy presente cuando se trata de definir el comportamiento sexual humano del sapiens. Por más que se le haya desprestigiado y por más que se diga que sus teorías están caducas su escala sigue firmemente ahí y de alguna forma encaja mejor que cualquier otra a la hora de encajonar el comportamiento sexual humano del *Homo sapiens*.

El informe Kinsey publicado en 1948 sobre el comportamiento sexual de los varones americanos de los Estados Unidos de América daba datos desconocidos e inimaginados hasta entonces como que el 46% de los hombres entrevistados habían tenido relaciones de algún tipo con otros hombres, que el 37% de los varones había tenido un orgasmo con la ayuda de otro hombre y que casi la mitad de los hombres que permanecieron solteros hasta los 35 años habrían tenido experiencias homosexuales explicitas. Además hasta un 13% de los hombres de entre los 16 y 55 años habría tenido más experiencias homosexuales que heterosexuales, un 11,6% de los hombres de entre los 20 y 35 años experimentaban la misma respuesta frente a la homosexualidad como a la heterosexualidad y finalmente estimó que un 4% de los entrevistados habían sido exclusivamente homosexuales hasta ese momento. Kinsey escribió que era imposible determinar el número de personas que son heterosexuales u homosexuales concluyendo que lo único que se podía determinar era si su comportamiento era homosexual o heterosexual o mejor incluso (más ó tan heterosexual) o (más ó tan homosexual). Con estas ideas Kinsey desarrolló la conocida como escala de Kinsey denominada por él como: *"Heterosexual-homosexual Rating Scale"*.

La escala ideada por Kinsey cuenta con 7 niveles desde la heterosexualidad pura a la homosexualidad pura. Estos grados son los siguientes:

0   Exclusivamente heterosexual

1 Predominantemente heterosexual, e incidentalmente homosexual.

2 Predominantemente heterosexual, pero más que incidentalmente homosexual.

3 Igualmente homosexual y heterosexual. (Pansexual)

4 Predominantemente homosexual, más que incidentalmente heterosexual.

5 Predominantemente homosexual, incidentalmente heterosexual.

6 Exclusivamente homosexual.

La escala de sexualidad de Kinsey conlleva una feminización y masculinación de las hembras y machos sapiens poco comprendida y estudiada. Una bisexualización heptaseptada donde cada escala representa una forma de ser bisexual y humano. El macho que ocupa el grado cero, bisexual heterosexual puro, en la escala poco tiene que ver con el macho que ocupa el grado 6, bisexual homosexual puro. El primero no estará para nada feminizado y por tanto debería ser el más violento, el más parecido a los machos de los chimpancés, de otros primates o mamíferos, veremos un poco de esto con la explicación de los jóvenes y el ejército en un punto posterior. Sin embargo el macho del grupo 6 será mucho menos violento y en algunos aspectos su comportamiento será cuasi femenino. Para el resto de grupos habrá una graduación entre ambos extremos de tal forma que serán únicos y diferentes desde cada grado del superior al inferior. Esto permite a las diferentes sociedades sapiens del mundo actuar como si fueran una sola.

Esta sexualidad graduada, bisexualidad heptaseptada , tiene como efecto principal que rompe y atenúa la violencia demoniaca de los machos. La violencia se ha atemperado en los machos sapiens de una forma imposible en prácticamente cualquier macho de otra especie de mamífero. Estamos acostumbrados a humanizar a todos los animales para poder llevarlos al cine y que sean consumidos por la multitud. El gato enamorado de su gatita y al cuidado de su prole sólo existe en el cine. El gato real es territorial y sólo se preocupará de la gata el día que este en celo y tenga que cubrirla luego le importará un rábano si tiene uno, dos o diez gatitos pero además como se trata de un animal territorial luchará, a veces hasta la muerte, contra otros machos para defender su territorio. Sin embargo está realidad animal vendería muy poco en las películas de Disney ya que para los sapiens todo el comportamiento que no case con el nuestro, que es el excepcional, nos desagrada en exceso.

La mayoría de los machos mamíferos luchan entre ellos para que sólo quede uno o unos pocos para cubrir a las hembras. El infanticidio es más frecuente en el reino animal de lo que uno creería y un nuevo macho que ocupe el puesto alfa venciendo al anterior puede muy bien decir como primer acto de mandato matar a todos los pequeños cachorros del último jefe para que las hembras entren en celo cuanto antes y le den hijos de los que no se ocupará. La violencia entre los machos de los otros primates es una constante y no un acto circunstancial excepto para el bonobo. Si la violencia entre los machos de nuestra especie fuera parecida a la de los chimpancés o gorilas sería imposible cualquier tipo de civilización. Este factor ha de quedar bien claro, con machos sapiens tan violentos como los de las otras especies de primates sería imposible la formación de megagrupos y sin ellos no existiría ninguna civilización.

La sexualidad del *Homo sapiens* es única en todo el reino animal, en poco se parece a la de nuestros parientes primates más próximos. En realidad es una sexualidad que nos sapientiza y convierte en lo que somos con todo lo que eso conlleva en comportamiento que no es poco: hombres en grado feminizados y mujeres en grado masculinizadas.

Podemos quedarnos en lo curioso del sexo de nuestra especie o ir más allá y fijarnos en la conducta que este tipo de bisexualidad graduada proporciona a nuestra especie. Ninguna otra especie de primates permite una interacción tan sencilla entre sus machos como lo hace la nuestra. Ni siquiera nuestros parientes bonobos generalmente pacíficos son tan permisivos con los otros machos.

Las películas del planeta de los simios basadas en la novela de Boulle cuentan la ascensión de los simios inteligentes; chimpancés, gorilas y orangutanes con la caída del ser humano que pasa a ser sus esclavo animal. Tanto el libro como la película convierten a los tres grupos de simios citados en sapiens ya que así y sólo así pueden dominar al hombre y sustituirlo por completo. En la realidad, el comportamiento real de los machos de chimpancés, gorilas y orangutanes en nada parecido al de los machos sapiens implicaría luchas intestinas entre los diferentes clanes un fenómeno sangriento entre machos nada estimulante que desde luego impediría cualquier civilización y que llenaría el campo de muertos y de sangre.

Lo común y lo esperado es que los machos de los diferentes grupos de estos simios se enfrentarán entre sí a muerte hasta que sólo quede un grupo vencedor. La colaboración y la tolerancia entre los machos necesita de una feminización reñida totalmente con la heterosexualidad total latente y viva en el resto de los animales tal y como la conocemos.

Este hecho que siempre pasamos por alto no es nada insustancial pues de él depende la socialización grupal que conocemos. Y aunque verdaderamente nuestros machos no son santos, para nada son tan violentos como sus parientes primates. Si como asumo autentico los otros grupos humanos fueron heterosexuales puros, nunca podrían haber convivido pacíficamente con los individuos de nuestra especie. Sólo la pansexualidad del bonobo hubiera dado unos resultados diferentes. Los varones de nuestra especie están feminizados en un determinado grado y esto se advierte tanto en su comportamiento que los convierte es una especie diferente y única de primates. Pero cuando estudiamos el sexo, la visualización misógina, incorpora nuestros temores y miedos nos estamos estudiando a nosotros mismos y no podemos hacerlo imparcialmente por lo que se hace imposible una observación imparcial. El sexo individual es un asunto especialmente difícil de estudiar para un profesional debido a la cantidad de ego y amor propio que cada individuo invierte en esa área repleta de mitos y malentendidos que trata de esconder después de una contracultura sexual de más de 2000 años.

Es de todos oído y casi aceptado que los gais tienen una sensibilidad diferente a la de los heterosexuales pero es casi desconocido que entre los diferentes heterosexuales está sensibilidad también es muy diferente dependiente de si están más cerca o más lejos del grupo 0 o de la heterosexualidad pura serán más o menos violentos.

El macho maltratador que maltrata a su mujer y a sus hijos empleando la violencia como herramienta de sumisión y control se parece más al macho heterosexual puro, al macho del chimpancé que a cualquier otro macho del sapiens.

Los soldados que son capaces de matar sin remordimientos a otros soldados, uno y medio de cada siete o tres de cada catorce, hemos de situarlos más cerca de la heterosexualidad total que de la homosexualidad.

Los machos de nuestra especie no sienten en general la necesidad de usar la violencia entre ellos sin ningún motivo como frecuentemente ocurre entre otros primates. Si nuestra sexualidad fuera la misma que la de nuestros parientes más cercanos evolutivamente, no hubiéramos podido llegar a donde estamos. Los grupos cercanos que posiblemente hubieran colonizado toda la tierra se mantendrían a raya entre ellos sin colaborar y sin permitir cualquier progreso o revolución. Solo la feminización de los machos y la masculinización de las hembras permiten a todos los hombres colaborar como si fueran uno sólo aprovechándose de todo el conocimiento. En nuestra especie la masculinidad es inseparable de la feminidad y esto ligado a nuestra sexualidad es lo que nos permitió ser los humanos sapiens que somos.

Además este fenómeno permite una interacción entre hembras y machos imposibles en cualquier otra especie de primates.

Los soldados sapiens en combate

Damos por hecho que los soldados de cualquier ejército mataran en combate simplemente porque es su deber para con su país, porque sus líderes se lo ordenan y porque están defendiendo su propia vida y la de sus amigos sin embargo cuando se ha investigado se ha visto que está generalización es errónea. Para gran parte de los machos sapiens matar a otros seres humanos es más difícil de lo que todos asumimos, segar la vida de otro ser humano como nosotros no es nada fácil para la gran mayoría hasta tal punto es intricado y complicado que la mayoría de los soldados preferirá no hacerlo. Lo que vemos en el cine es sólo ficción, en la realidad matar a un semejante es muy complicado. No debemos asumir que es por cobardía, o por pánico o por un amilanamiento paralizante del recluta que no mató pues la mayoría de estos soldados arriesgaran sus vidas por apoyar a sus compañeros de combate sin pensárselo.

Debemos estos conocimientos a Samuel Lyman Atwood Marshall (SLA Marshall) que fue un historiador del ejército de Estados Unidos asignado al frente del Pacífico durante la Segunda Guerra Mundial y que más tarde se convirtió en el historiador oficial en el frente europeo durante 1947. SLA Marshall sorprendió al mundo entero cuando escribió como consecuencia de sus investigaciones en los campos de batalla europeos y asiáticos que en cualquier compañía de infantería sólo uno de cada cuatro soldados disparó sus armas mientras estaba en contacto directo con el enemigo. Y aunque parezca paradójico no lo decía sin datos, para ello se basó en las miles de reseñas que recabó en las investigaciones que realizó inmediatamente después de los combates en la Segunda Guerra Mundial. Por vez primera SLA Marshall había descubierto que el soldado normal, el emocionalmente sano, él que puede soportar el estrés mental y físico del combate tiene una resistencia innata al acto de matar a un semejante, de tal forma que intentará no hacerlo, procurará no asesinar a otro ser humano por voluntad propia y si es posible rehuirá de la responsabilidad de esas muertes bajo sus hombros. Marshall comprendió que miles de soldados prefieren no disparar al enemigo y concluyó que *"En el momento crucial"*, el soldado *"se convierte en un objetor de conciencia"*. La filosofía del soldado de la primera guerra, según su experiencia, era: *"Dejadlos ir; ya los atraparemos en otro momento".*

Por tanto cuando, en la segunda guerra mundial, el general de brigada SLA Marshall preguntó a los soldados qué es lo que habían hecho en la batalla lo que descubrió sonó extraño y sorprendente para todos los que lo escucharon ya que todos habían asumido, como actualmente hacemos lo no entendidos en el tema, que el asesinato era la única respuesta. Estamos tan acostumbrados a ver en la pantalla que matar es fácil sencillo y sin remordimientos o traumas que lo damos por cierto cuando se trata de ficción completamente falsa. La investigación reveló que en la línea de fuego, frente a frente con el enemigo, de cada 100 hombres sólo unos 15 o 20 dispararon sus armas, 1,4 de cada 7 o 3 de cada catorce. (Este dato es importante 1,4 de cada siete, este número se corresponde aproximadamente con los bisexuales 0 y 1 de la escala Kinsey los heterosexuales puros.) Y por más que investigaba, recogiendo datos, los apuntes siempre indicaban que esta cifra era invariantemente repetitiva independiente del número de días que pasaran luchando los soldados en el frente. Marshall no era un investigador solitario, disponía de un equipo de colaboradores que trabajaban con él, por lo que pudieron realizar cientos de entrevistas individuales a los diferentes soldados de ambos frentes después de los combates cuerpo a cuerpo con tropas alemanas o japonesas. Los resultados que obtenían siempre se repetían regimiento tras regimiento: durante la segunda guerra mundial sólo entre 1,4 de cada 7 ó 3 de cada 14 soldados en combate dispararon al enemigo con la intención de matarlo el resto, la gran mayoría, 5,6 de cada 7 o 11 de cada 14 no lo hacían. (Sólo los machos heterosexuales puros pueden matar sin remordimiento, el resto no.) Además enfatizaron que habían descubierto que no se trataba de cobardía ya que aquellos que no dispararon nunca salieron huyendo cobardemente o se escondieron sino que estaban dispuestos a colaborar con los que si disparaban y en muchísimas ocasiones eran los mismos soldados que arriesgaban una y otra vez su vida para ayudar o rescatar a sus compañeros, conseguir munición o llevar mensajes. Simplemente su moralidad innata les impedía disparar sus armas contra el enemigo, incluso cuando se veían amenazados rodeados de balas. Otra de las conclusiones a las que se llegó es que en los ejércitos enemigos pasaba lo mismo aunque esto no se investigó en sus tropas.

Dave Grossman escribe en su libro *"Matar"* que: *"Este factor que faltaba es el hecho sencillo y demostrable de que existe, en la mayoría de los hombres, una resistencia intensa a matar a sus semejantes. Se trata de una resistencia tan arraigada que, en muchas circunstancias, los soldados en el campo de batalla morirán antes de superarla."*

Por tanto las matanzas que vemos en el cine donde cada soldado mata cuanto más mejor es ficción irreal, imaginaria, engañosa, falaz y falsa. . La realidad es que la mayoría de los hombres no quieren matar a nadie y la gran mayoría sería capaz de hacerlo aunque siempre hay un número minúsculo de ellos dispuesto a hacerlo sin resentimiento. Por desgracia Dave Grossman descubrió en sus investigaciones que cualquier hombre con el condicionamiento y en las circunstancias adecuadas puede matar y lo hará aunque después tenga que cargar con un fuerte estrés postraumático que le impedirá seguir viviendo normalmente.

Las investigaciones de SLA Marshall sólo confirmaban lo que otros investigadores anteriores ya intuían. Ya en la década de 1860, Ardant du Picq, documentó la propensión habitual entre los soldados a disparar al aire por el hecho de disparar sin causar daño alguno a nadie. Es posible que estos disparos al aire fueran una advertencia al enemigo sobre los peligros de un enfrentamiento cara a cara en la batalla con la esperanza de que los enemigos retrocedieran. Paddy Griffith, estudiador de las guerras napoleónicas, estimaba que el promedio de fuego de un regimiento napoleónico (de 200 a 1000 hombres) disparando al enemigo tenía unos resultados atroces donde sólo se mataban o herían uno o dos hombres cada minuto lo que hacía que la lucha interminable en el tiempo con batallas que duraban todo el día pese a estar separados ambos ejércitos a una distancia aproximada de unos veinticinco metros. Y en ambos bandos era similar. Las víctimas eran demasiadas en los dos lados debido al tiempo del combate no a la efectividad de los que si disparaban. Otros investigadores posteriores han llegado a las mismas conclusiones que Marshall. Paddy Griffith lo hizo sobre la tasa de muertes provocadas por la infantería en las batallas napoleónicas, Ardant du Picq sobre las batallas de la Guerra Civil estadounidense y el coronel Dyer, el coronel Gabriel, el coronel Holmes, y el general Kinnard en estudios de otras guerras por tanto ahora ya queda claro que sólo unos pocos soldados están dispuestos a matar a otros soldados sin arrepentimiento; uno y medio de cada siete.

En el libro *"Matar"* de Dave Grossman se pueden leer varios ejemplos de la bajísima efectividad de los soldados disparando frente a otros soldados en una infinidad de batallas ocurridas alrededor del mundo. Incluso en 1897, en la batalla de Rorkes Drift, los previsiblemente racistas soldados británicos luchando contra los guerreros zulús y disparando a quemarropa necesitaron aproximadamente trece tiros para cada acierto.

Pero aunque la mayoría de los soldados no está dispuesto a matar a sus semejantes siempre hay un pequeño grupo de ellos (1,4 de cada siete) que puede hacerlo sin grandes problemas y está dispuesto a hacerlo, sus disparos efectivos se dirigirán además a lograr las mayores bajas en el ejército enemigo. Los resultados que obtuvo Marshall durante la segunda guerra mundial indican que sólo entre 1,4 de cada 7 en combate disparan al enemigo sin inhibiciones. El informe Kinsey y sus grados nos dice que en los grados 0 y 1 se encuentran los heterosexuales puros, ¿son estos los machos violentos y demoniacos capaces de matar sin pensárselo, sin remordimientos?

En el presente los soldados se han vuelto más efectivos matando debido a la sofisticación de las armas, ya que ahora se mata a grandes distancias sin tener que enfrentarse directamente a pocos metros al enemigo cara a cara. Los soldados que disparan un cañón no ven los estragos que crea a cientos de metros de distancia. Los pilotos que sueltan una bomba nunca divisan la muerte que causan.

Aunque el cine, las novelas y la historia nos mienten constantemente sobre lo que sucede en las batallas vemos que la realidad es muy diferente. Muy pocos soldados están ansiosos por matar a sus semejantes humanos aunque sean sus enemigos. Y para lograrlo normalmente a lo largo de la historia la mejor forma de hacerlo ha sido convencer a los soldados que dejaran atrás su moralidad innata y que la supeditarán a la moralidad religiosa donde un dios superior decidía por ellos, entonces si, ciegamente mataran sin piedad bajo su mandato y sin remordimientos siempre a las órdenes directas de su dios dictadas por sus intermediarios.

Las guerras modernas con armas de larga distancia donde el soldado no puede ver o intuir al otro y donde los soldados son entrenados para que puedan matar a sus semejantes son muy diferentes: mucho más mortíferas, sangrientas e inhumanas. Hoy en día, todos los generales de los ejércitos del mundo saben que casi cualquier soldado acierta más cuando la diana es un trozo de cartón que cuando la diana es un ser humano. Sin embargo todos los ejércitos tienen entre sus tropas de élite a francotiradores súper efectivos que con cada tiro que disparan matan a un ser humano sin ningún remordimiento. Después de lo que acabamos de leer podemos deducir que muy pocos soldados pueden convertirse en francotiradores, por muy hábiles disparando que sean. El joven habilísimo con el rifle si no es capaz de matar a un semejante no sirve. Lo verdaderamente importante en los francotiradores de los ejércitos es que sean capaces de matar indiscriminadamente a otros seres humanos una y otra vez sin ningún tipo de remordimientos independientemente de lo buenos o malos que sean empleando el rifle. Sólo los machos más machos, los más violentos, los más parecidos al macho chimpancé, podrían realizar estas tareas sin demasiados problemas.

Todos los gobiernos saben que los mercenarios contratados son siempre mucho más brutales que cualquier tropa regular. Un mercenario es un soldado a sueldo, un militar privado, se trata de exsoldados que aman el mundo de la guerra. Generalmente son exsoldados con experiencia militar que luchan en un conflicto bélico por dinero sin importarles la causa por la que luchan y que normalmente no tienen ninguna inhibición para matar a otro ser humano, y es de suponer que muchos de ellos pertenecen a ese 1,5 de cada 7 soldados para los que disparar al enemigo no supone ningún problema moral.

Las tribus primitivas de Nueva Guinea tienen fama de ser muy belicosas pero Richard Gabriel señaló que se comportaban de forma diferente con sus armas cuando las usaban para cazar o para guerrear. Sus arcos eran súper certeros para cazar pero perdían esa precisión cuando los usaban para la guerra, les quitaban las plumas del dorso lo que los convertía en arcos imprecisos.

Según Sam Keen, al profesor Arthur Nock de Harvard le gustaba destacar que las guerras antiguas entre las ciudades estado *"eran tan solo un poco más peligrosas que un partido de fútbol americano"* nada que ver por tanto con películas como la de 300 en las que el cine nos contó las batallas de Esparta y Atenas contra el imperio persa eso si siempre inundándolas bien de sangre no siendo que ésta no se viera. En todas sus guerras, Alejandro Magno, sólo habría perdido a unos setecientos hombres pasados por la espada según Picq Carl. Ya que al parecer las batallas eran más como torneos semiviolentos donde predominaban más los empujones y los golpes que los espadazos.

Los ejércitos modernos con soldados profesionales usan técnicas de adiestramiento y condicionamiento que permiten que los soldados superen parcialmente la reserva innata a matar. De hecho, los psicólogos militares emplean cada vez nuevos mecanismos más efectivos para que los hombres superen su resistencia innata a matar a sus congéneres y maten sin piedad. Los soldados profesionales modernos altamente adiestrados cuando luchan contra fuerzas guerrilleras mal adiestradas aprovechan esta ventaja significativa para ganar a las guerrillas enfrentadas estableciendo rápidamente una superioridad de fuego sobre el enemigo. Los británicos en la guerra de las Malvinas y los estadounidenses en Panamá basaron sus éxitos en este fenómeno con una enorme y llamativa disparidad en la tasa de muertes por ambas partes. Esto también se observó en las largas y recientes guerras en Iraq y Afganistán, en las que las fuerzas de Estados Unidos y las de la OTAN tenían tal ventaja sobre los combatientes que estos solamente conseguían bajas con el uso de bombas trampas. Dave Grossman reproduce el relato de un periodista mercenario que acompañó a una unidad de la Contra de Edén Pastora (alias Comandante Cero) en una emboscada contra civiles que iban en una lancha fluvial en Nicaragua en donde los soldados ejercieron su derecho a errar el tiro. El comandante primero les arengo diciendo a sus soldados que matar a mujeres y niños era lo mismo que matar a sandinistas y luego los puso a esperar la llegada de una embarcación civil mientras él se internaba en la selva. Cuando la lancha llegó los soldados dispararon sus rifles y ametralladoras pero muy por encima de la lancha sin afectar a los civiles. Lo que llevó al periodista a escribir: *"Los campesinos nicaragüenses son unos hijos de puta y unos soldados duros. Pero no son asesinos."* Es interesante resaltar como sin que mediara ni una palabra entre los soldados se pusieron de acuerdo para errar en el tiro. Y lo extraño es que todos y cada uno de los soldados obligados a cumplir sus órdenes y disparar a los civiles optará por convertirse en tiradores incompetentes dejando a los civiles asustados pero ilesos. Muy probablemente a lo largo de la historia miles y miles de soldados han hecho algo semejante sin desobedecer las órdenes de sus superiores.

Estamos tan acostumbrados a presumir que matar es fácil al ver en el cine muertes rápidas, sangrientas y sin sentido que damos por hecho de que para los sapiens es fácil matar a un semejante, sin embargo la verdad es bien diferente sólo unos pocos hombre pueden matar: 1,5 de cada siete. El resto no matará incluso si pone en riesgo su propia vida, inclusive en el campo de batalla. La gran mayoría de los machos sapiens no pueden mirar a otro sapiens a los ojos y tomar la fría decisión de matarle observando cómo muere como resultado de sus acciones. Incluso los soldados, son reclutas no asesinos y la muerte de otro ser humano constituye el acto potencialmente más traumático de los acontecimientos de la guerra y aquellos soldados que matan en contra de sus propias convicciones internas son candidatos a sufrir de trastorno de estrés postraumático (TEPT) consecuencia de sus acciones durante el resto de su vida.

El mariscal británico, Evelyn Wood, dijo que en la guerra solo los cobardes tienen algo que esconder por lo que necesitan mentir. Llamaba cobardes a los soldados que no disparan lo que es incorrecto y tremendamente injusto. El soldado que no dispara es tan desconocedor de que el 80% de sus compañeros tampoco está disparando como sus compañeros. Lo normal es que piense que sólo él no se atrevió a disparar. El soldado que no dispara lo puede interpretar como cobardía por lo que lo mantendrá en secreto y le hará sentirse descontento con su proceder y probablemente mentirá con facilidad en años posteriores sobre su actuación en la guerra. Y como él se comportaran el resto de sus compañeros que no dispararon lo que dará como resultado una red de olvidos, engaños y mentiras. Luego actuara su memoria selectiva para autoengañarlos sobre lo que paso, para que el ego del varón se mantenga intacto. Algo similar a lo que sabemos que ocurre con el desempeño sexual de una pareja. Si los miembros de la pareja fueran: impotente y frígida ¿enseñarían esa información para que pasará por el escrutinio público o la esconderían como si no ocurriera? Lo más probable y casi seguro es que está información se escondiera y si se ocultará los investigadores posteriores no la podrían conocer. Y si la pareja tuvo hijos y nietos el investigador pensaría ¡Lo hicieron bien!

En nuestra cultura misógina hasta que alguien con talento, credibilidad, autoridad y ascendencia sobre el individuo no preguntó en privado sobre la sexualidad individual, no tuvimos ningún conocimiento de lo realmente ocurría sexualmente en nuestra cultura. Por lo que al igual que nos engañamos sobre la sexualidad, tampoco comprendimos lo que pasaba en el campo de batalla. Lo supuesto ha reemplazado a lo real durante muchísimo tiempo pero no debería seguir siendo así. La creencia de que los soldados matan sin pensárselo al enemigo en un combate cuerpo a cuerpo choca con la sorprendente realidad de que la mayoría de los soldados, 80 %, no matará al enemigo en este combate directo idea que resulta contraria a lo que queremos creer, también se opone a lo que la historia nos ha enseñado y a la cultura cotidiana que absorbemos en los libros, la televisión y el cine. Además el tema de los soldados que no disparan es un asunto tan incómodo para los ejércitos modernos por lo que no hablan del tema, ni lo tratan como si por seguir esa actuación el asunto dejara de existir. Finalmente sólo resaltar que el cine está haciendo mucho daño a las sociedades actuales con su política de muerte fácil.

¿Qué es la sexualidad humana?

La conducta sexual de la mayoría de los animales está programada instintivamente con el fin exclusivo de triunfar en el proceso de la reproducción. Por ejemplo, una gata encelada busca al macho solo en esta época y lo rechazara en cualquier otra situación. El gato macho luchara con otros en cuanto una gata se encuentre en celo porque quiere copular con ella, las feromonas que la hembra está emitiendo le obligan a intentar la copula. Con la mayoría de nuestros parientes primates ocurre esto mismo: orangutanes, gorilas y chimpancés presentan una conducta sexual exclusivamente reproductiva, sin embargo nuestros parientes bonobos respecto al sexo presentan la conducta reproductiva y otra social siendo la versión sexual reproductiva y la versión sexualidad social totalmente compatibles. Cuando Fran de Waal trabajaba en Holanda con los bonobos contó setecientos encuentros sexuales en un solo invierno, evidentemente la mayoría de esos contactos sexuales que contó no tenían una finalidad reproductiva sino una finalidad social.

Con nosotros, los sapiens, pasa algo parecido a lo que sucede con el bonobo, nuestra conducta sexual no es solo reproductiva es también social. Todos los sapiens tienen muchísimos más contactos sexuales de los que serían estrictamente necesarios para reproducirse. Y en la mayoría de las ocasiones el sexo no tiene una función reproductiva, por tanto es evidente que la mayoría de los actos sexuales de los sapiens no son reproductivos sino sociales. Nuestra especie apareció en África con esta sexualidad propia que muy posiblemente le diferenciaría de las especies de humanos que se aparecieron a un tiempo. Es muy posible que si los otros grupos humanos fueron, como los chimpancés, exclusivamente heterosexuales con una sexualidad exclusivamente reproductiva y unas sociedades machistas y violentas, está fuera la causa de incompatibilidad con los Homo sapiens que los llevo a su extinción a manos de nuestros antepasados.

La mujer sapiens no depende para nada de su ciclo menstrual para tener sexo, lo puede realizar cuando lo desee incluso cuando ya ha entrado en la menopausia sin embargo, salvo las bonobas, las demás primates solo tendrán sexo con los machos cuando entren en celo y será para reproducirse. La mujer sapiens no tiene su sexualidad atada al ciclo menstrual es libre como pocas otras especies de hembras animales para decir cuando le apetece y cuando no tener sexo y disfrutarlo. El hombre sapiens tampoco debe estar pendiente de si las hembras están en celo o no por lo que ha perdido la capacidad de saber los días fértiles de la mujer que se supone que son cuando más feromonas produce. Al no estar ligadas las relaciones sexuales a la reproducción el hombre ha perdido la capacidad de sentir las feromonas de la mujer, si es que estas todavía se producen.

La conducta sexual en el sapiens es diferente que la de sus parientes primates y en los animales de conducta sexual reproductiva. Es un hecho que los morales innatos poco tienen que ver con los valores religiosos y éticos de las sociedades que imponen frenos y reglas a la conducta sexual de hombres y mujeres desconocidas en la moralidad innata, pero pese a esos obstáculos autoimpuestos es difícil ponerle puertas al campo y la sexualidad siempre es muy rica y compleja pese a estar condicionada. A medida que las sociedades sapiens se van haciendo menos religiosas y sus valores éticos se relacionen más en sus sentimientos internos innatos la libertad sexual va ganando puntos en todas las sociedades. Cuando el sapiens pueda expresar libremente su sexualidad contemplaremos un mundo totalmente diferente al que observamos ahora que la conducta sexual está básicamente reprimida.

La sexualidad de nuestra época que separa estrictamente en dos grupos los heterosexuales por un lado y homosexuales por otro como cortados por un cuchillo es típica únicamente producto de la socialización monoteísta. En las edades paganas antiguas el comportamiento sexual del sapiens era al parecer mucho más bisexuado en general que exclusivamente heterosexual sobre todo en las culturas griega y romana clásicas. Hoy probablemente nuestra visión de la sexualidad sea la que es porque mama de la influencia del monoteísmo hebreo y el resto de monoteísmos posteriores con sus valores sexuales reproductivos instaurados firmemente en la religión dictada por un dios.

Además, los ciudadanos de los países con democracias son más libres sexualmente que los ciudadanos de países despóticos con regímenes caducos que limitan legalmente la sexualidad de sus súbditos como el ruso. Pero incluso entre los individuos de los primeros países existe gran diferencia entre los miembros creyentes de las sociedades y los miembros no creyentes o ateos siendo estos mucho más libres. Por tanto las limitaciones a la conducta sexual de los sapiens existen en cada rincón del planeta aunque en algunas zonas es mucho menor que en otras, lo que confiere diferencias importantísimas en la conducta sexual humana.

Aunque el sexo es una función natural y debería ser libre y siempre consentido, nuestra sexualidad está limitada por nuestro conjunto de valores morales. No se trata casi nunca al sexo y la sexualidad independiente de la moralidad de la sociedad en la que cada uno vive. Y aunque el sexo produce placer son muy pocos los que pueden desligar el sexo de la moralidad subyacente y entender el sexo como algo tan físico como el hambre. Por tanto si cuando el cuerpo te pide comida comes, cuando te pide sexo ten relaciones sexuales si puedes encontrar a alguien interesado y sino mastúrbate.

Los ascetas religiosos pueden reprimir totalmente su sexualidad o al menos lo intentan. Los no ermitaños también condicionan el sexo según las consideraciones morales de manera que finalmente la sexualidad tampoco es libre. Las religiones imponen estrictas éticas, no sapiens, como si el dios que las dictó desconociera las necesidades y las formas de ser del *Homo sapiens*. Se quiere y se persigue una sexualidad exclusivamente reproductiva de forma que se prohíben diferentes tipos de relaciones sexuales obligando al individuo a reprimir su sexualidad, pero demás se veta toda relación diferente de la heterosexual reproductiva proscribiéndola como si por negarlas dejaran de existir. Por si esto no fuera suficiente en ocasiones de las deseadas son los gobiernos y sus leyes quienes imponen trabas a la sexualidad, por todo ello es difícil que cualquier sapiens en general pueda ser libre sexualmente y hacer sexo cuando y con quien lo desee. En todas nuestras sociedades actuales la sexualidad está religiosamente y socialmente condicionada, en mayor o menor medida, por lo que definir como sería la sexualidad humana totalmente libre sin estos condicionamientos es complicado y difícil.

El acto sexual es algo propio de todas las especies por lo que debería ser contemplado con normalidad y sin embargo condicionados por la religión y las leyes que lo vieron como algo sucio y pecaminoso lo vemos como un tabú.

Punto de vista histórico, en la sexualidad humana

Aunque muchas veces pensamos que somos más libres y evolucionados sexualmente que nuestros antepasados nos equivocamos y las sociedades paganas anteriores a las nuestras que no se vieron condicionadas por las religiones monoteístas eran más libres sexualmente de lo que somos nosotros. Las religiones monoteístas, que rigen hoy día, desde su nacimiento han tendido a ver al sexo como algo prohibido, obsceno, y algo indeseado solamente necesario para la reproducción. Sin embargo las religiones politeístas que las precedieron tenían una visión diferente de la sexualidad, para ellas el sexo era algo normal que compartían tanto dioses como humanos y su uso era natural y beneficioso para obtener placer.

Nuestros antepasados prehistóricos adoraban a objetos fálicos y diosas femeninas de la fertilidad. Las pinturas de las cuevas no tienen problemas en mostrar mujeres con pechos grandes, falos enormes y relaciones sexuales tanto heterosexuales como homosexuales con una libertad impropia de nuestra era histórica moderna donde el sexo es tabú.

Aunque los antiguos griegos son parte de los cimientos de donde nació nuestra cultura occidental sin embargo no lo son para nuestra cultura sexual derivada de los antiguos hebreos. La Grecia clásica que duró desde el 500 a.e.C (antes de la era común) hasta el 300 a.e.C fue la cuna de los filósofos y pensadores griegos que tantísimo han influido en nuestra cultura actual: Sócrates, Platón, Aristóteles, Aristófanes, Esquilo, Sófocles, Arquímedes y Solón. Sin embargo esos antiguos griegos veían la conducta sexual y el sexo de una manera muy diferente a como lo contemplan sus descendientes coetáneos y el resto del mundo contemporáneo. Los griegos sentían verdadera admiración y adoración por el joven cuerpo masculino, bien desarrollado y musculado tal como reflejan sus pinturas y sus estatuas. Además preferían verlo al desnudo, tal como es, que tapado no les importaba que los contrincantes de los diferentes juegos y batallas estuvieran desnudos, al revés lo preferían ya que era natural y mucho más hermoso a la vista. Su literatura narra sin problemas de pudores los encuentros eróticos entre hombres y dioses sin distinción entre heterosexual, homosexual o bisexual de una manera tan natural que todavía es muy difícil lograrla en los autores de hoy en día. La religión politeísta griega presentaba a todos sus dioses tanto varones como hembras desde Afrodita o Apolo a Zeus como ávidos buscadores del contacto sexual. Los dioses y semidioses nunca se conformaban con el sexo heterosexual tenían también sexo homosexual y bisexual. Y no solo tenían relaciones sexuales entre ellos, sino muchas veces se sentían atraídos por los mortales con los que tenían descendencia: semidioses. Para los griegos tanto los hombres, como las mujeres eran bisexuales y podían tener relaciones sexuales con ambos sexos. Hércules, uno de sus grandes héroes tuvo relaciones con hombres y con mujeres indistintamente. Para los griegos no existía la homosexualidad, ya que consideraban que todos los hombres y mujeres eran bisexuales, sino dos tipos diferentes de relacionarse sexualmente con miembros del mismo sexo o con miembros de sexo contrario. El sexo entre hombres adultos se consideraba normal y se toleraba en la medida en que no amenazara la institución de la familia. Sin embargo había un tipo de relación homosexual que su cultura fomentaba la pederastia. El termino pederastia en griego antiguo no tiene nada que ver con el término tal como se aplica en la actualidad. La pederastia era una relación entre un adulto y chico adolescente que iba a entrar en su edad adulta. Las familias, por lo general, se sentían complacidas si sus hijos adolescentes atraían la atención de adultos socialmente ricos e importantes y el chico que no conseguía atraer a un varón adulto para que lo cortejara se sentía afrentado y avergonzado entre su comunidad. La pederastia implicaba el paso del adolescente a la edad adulta a partir de esa relación homosexual al chico se le dejaba de ver como un niño y entraba a formar parte de los adultos. La pederastia no solo contenía el sexo entre ambos varones, conllevaba además un aprendizaje en las artes de la guerra del más joven, el adulto se convertía en la relación en el tutor y maestro del más joven en las artes de la guerra. Puesto que todos los griegos se consideraban bisexuales las relaciones de la pederastia no impedían a los chicos que luego se casaran con mujeres y tuvieran sexo heterosexual, y la mayoría de los hombres adultos de la relación estaban casados. Los antiguos griegos estaban convencidos de que todas las personas, al igual que sus dioses, eran capaces de mantener relaciones sexuales con los dos sexos y el día a día de sus sociedades les demostraba que esto era bastante cierto. Siempre habría algún heterosexual o un homosexual puro pero el resto eran totalmente bisexuales. ¿Qué les ha pasado a sus descendientes?

Si los griegos son parte de los cimientos de la cultura occidental, los romanos y su cultura lo son muchísimo más. En realidad somos sus continuadores en casi todos los campos salvo en el de la conducta sexual que desgraciadamente seguimos a los puritanos hebreos. Y aunque el mundo sexual de la antigua Roma está bastante estudiado es a la vez es un completo desconocido de la sociedad en general. Por ejemplo son bien conocidos los excesos sexuales de los emperadores romanos pero pocos saben que todos los quince primeros emperadores, excepto Claudio, tuvieron amantes masculinos y femeninos. Julio

César fue el ejemplo del pansexual perfecto *"era el marido de todas las mujeres y la mujer de todos los maridos"* Para los romanos como para los griegos la bisexualidad era la norma pero los romanos tenían impuesto un gran tabú, que el hombre romano solo podía actuar como miembro activo nunca como pasivo en la relación. Actuar como pasivo significaba degradarse a actuar como una mujer, un esclavo o un soldado vencido. Sin embargo se toleraba en los jóvenes adolescentes que todavía no habían entrado en la hombría. A sus 19 años, Julio César fue enviado a una misión diplomática para solicitar apoyo militar al rey de Bitinia, antiguo reino situado en la costa norte de la Turquía actual. El rey Nicomedes IV de Bitinia y César se entendieron muy bien, tan bien que muy pronto surgieron rumores de que César mantenía relaciones homosexuales, como pasivo, con el rey Nicomedes. Suetonio escribió que Dolabela compañero de consulado de César lo llamó *"rival de la reina"* y lo describió en un edicto como *"la reina de Bitinia"*. Los soldados de César, que conocían sus amores con el rey Nicomedes, cuando César conquistó la Galia, gritaban eufóricos: *"César conquistó la Galia; y Nicomedes a César"*. Se metían con él por actuar como pasivo, no por la relación homosexual por eso nadie se metió nunca con Augusto del que se sabía que se había acostado con César, actuando como pasivo, cuando era sólo un muchacho adolescente.

John Boswell un investigador americano en su libro *"Cristianismo, tolerancia social y homosexualidad"* informa de una total tolerancia de los habitantes del imperio romano hacía los actos homosexuales que han sido tergiversados por los historiadores modernos incluso defendiendo que estaba prohibida. Escribió Boswell:

"Es muy improbable, en realidad, que a finales de la República se considerara ilegales las relaciones homosexuales. Catón realizó un discurso público lamentándose de que en su época (siglo II a. C.), el valor de los prostitutos fuera superior al de las tierras labrantías (Polibio, 31.25). No sugería que hubiera nada ilegal implícito en la compra de hombres para mantener relaciones sexuales, sino que simplemente llamaba la atención sobre el hecho de que semejante disparidad entre el precio de los tales concubinos y el de las granjas constituía una grave desproporción económica."

La sociedad romana era esclavista. Los ciudadanos romanos tenían gran cantidad de esclavos que podían utilizar sexualmente como quisieran, tanto como pasivos como activos, según sus propios deseos sexuales. La literatura latina deja bien claro que gran cantidad de esclavos eran utilizados sexualmente en las casas de los nobles romanos. Marcial se quejó de un amigo por no prestarle sus esclavos para divertirse sexualmente. En Roma existían prostitutas femeninas y prostitutos masculinos, estos se dividían en catamini o pasivos y exoleti o activos. Además se sabía de la preferencia de algunos emperadores, Nerón y Heliogábalo, por los prostitutos activos. El emperador romano constituía la cúspide de toda la administración, era el jefe del ejército, era juez supremo y el legislador final era prácticamente un dios en vida. Tenía poder sobre la vida o la muerte de sus súbditos y sentenciaba a su criterio de manera inapelable, podía declarar la paz o la guerra sin encomendarse a nadie y dictaba leyes que se consideraban divinas o inspiradas en los dioses. Prácticamente todos los emperadores romanos paganos tuvieron amantes de su mismo sexo. Además se rumoreaba entre la población romana que muchos de sus emperadores habían llegado al cargo cediendo a los avances sexuales del emperador predecesor (Augusto cediendo ante Julio César,

Otón ante Nerón, y Adriano ante Trajano). Aunque la mayoría de hombres romanos que acudían a al sexo homosexual eran bisexuales ya que tenía esposa e hijos también existieron un pequeño grupo de hombres en exclusiva homosexuales o heterosexuales como el emperador Claudio. Aunque al parecer no actuar como bisexual era la excepción más que la regla. Cuenta Boswell que en las clases altas eran legales y comunes los matrimonios entre hombres o entre mujeres. Así cuenta que el biógrafo de Heliogábalo sostenía que todo hombre que aspirara a progresar en la corte imperial debía tener marido o simular que lo tenía después del matrimonio del Emperador con un atleta de Esmirna. Los matrimonios entre hombres, entre mujeres y mixtos eran frecuentes, en la Roma pagana. El emperador Nerón se casó con tres mujeres y dos hombres en distintos matrimonios.

Para los griegos y romanos de la época pagana la bisexualidad con relaciones con hombres y con mujeres era algo normal. Si intentáramos trasladar al mundo de hoy este comportamiento sexual todo chirriaría. ¿Tan diferentes eran los hombres y mujeres antiguos a los actuales?

Los antiguos hebreos nos cedieron a través del judaísmo antiguo testamento y el cristianismo su visión de la sexualidad condicionada y sesgada sometida a los deseos de un dios. De repente al dios le importaba sobre todo la sexualidad de sus siervos viendo anómalo lo que para los sapiens es innato. Para los antiguos hebreos el sexo, era el camino para cumplir la orden divina de «sed fructíferos y multiplicaos». Por tanto en la función reproductiva del sexo no entraba el sexo homosexual entre hombres y mujeres que estaba fuertemente castigado. La función reproductiva del sexo era la única legitimada por dios y por tanto realzaron esta acepción en toda su vida y sus costumbres sociales. Para un hebreo la ausencia de hijos era causa de divorcio, lo mismo que cualquier deformidad que se desarrollara en los órganos sexuales e impidiera la procreación. Toda relación sexual por tanto que no siguiera los preceptos divinos del creced y multiplicaros eran castigadas con una gran dureza pues se consideraban en contra de dios e innaturales ya que para su dios sólo era natural el sexo que producía hijos. Pese a su visión bíblica del sexo los antiguos hebreos aprobaban el sexo dentro del matrimonio ya que creían que ayudaba a fortalecer los lazos entre la pareja y fortalecía a la familia y ayudaba a crear descendencia por lo que regulaban la frecuencia mínima de relaciones conyugales con legislación, algo que no heredaron los cristianos.

Los primeros cristianos aunque surgieron dentro del Imperio Romano cuando fueron un poder importante y se aseguraron ser la única religión del imperio se distanciaron de los estándares sexuales del antiguo imperio pagano y adquirieron los conceptos de los hebreos que consideraron más acordes con las enseñanzas de su Cristo. Los padres de la iglesia San Pablo y San Agustín impusieron su punto de vista respecto a los criterios sexuales aceptables para la Iglesia. Los primeros cristianos comenzaron a asociar sexualidad con pecado de una forma que nunca se había visto con anterioridad y que a partir de ese momento estaría siempre presente durante más de 2000 años. Se despojó al sexo su valor de placer y se le dio solo cabida dentro del matrimonio y con el fin de procrear. El celibato como contrario a todo lo sexual se enalteció y todo el sexo que no tuviera que ver con lo reproductivo se humillo y se consideró contrario a los deseos de dios. La masturbación y la prostitución pasaron a ser graves pecados y se potenció la virginidad femenina como nunca antes había ocurrido, se prohibió el divorcio ya que la falta de satisfacción entre los esposos estaba reflejando una inquietud sexual impropia y por tanto pecaminosa. San Agustín 353-430 e.C (era común) asoció el sexo con el pecado original de Adán y Eva en el Jardín del Edén, convirtiéndolo en algo esencialmente satánico. Así San Agustín logró que el sexo para toda la cristiandad de su época y las posteriores se convirtiera en algo inherente malo, era la causa de que su dios despojara al hombre del paraíso. La vergüenza y el desprecio a todo lo sexual entraron en escena ya que se identificaban con la lujuria e incluso el coito dentro del matrimonio no estaba libre del estigma. San Agustín creía que solo el celibato, ir en contra del acto sexual natural y de la naturaleza del *Homo sapiens*, era adecuado a los ojos de su dios. Y todo lo sexual no reproductivo se consideró pecado e inadecuado a los ojos de los cielos. Por tanto la relación entre dos hombres, la relación entre dos mujeres, la masturbación, el contacto oral-genital, la relación anal todas eran abominables a los ojos de Dios y merecía la quema en los infiernos. Y con San Agustín los cristianos fueron más allá de los judíos, si para los hebreos el sexo dentro del matrimonio era una función natural y placentera, para los cristianos el placer sexual, incluso en el matrimonio, era pecado.

La sexualidad propia del sapiens, la que la había convertido en sapiens que lo diferenciaba de los otros grupos humanos, paso a considerarse como algo de por si malo. Era como si el dios que había creado a los sapiens con esa sexualidad diferente a la de los otros humanos de pronto desconociera el hecho de esta sexualidad y la considerara satánica. La religión monoteísta resultaba incompatible con la sexualidad innata de sus súbditos pero estos en vez de rechazar a la religión que los quería diferentes a lo que eran se autoinfligieron con castigo eterno que ha durado más de 2000 años.

La orientación sexual

La orientación sexual es individual y propia de cada persona y consiste en la atracción erótica y sexual por otra persona, del propio o del otro sexo, con la que desea desarrollar relaciones románticas.

Las personas homosexuales: gais y lesbianas se sienten atraídas por personas de su mismo sexo, ojo eso no significa que prefieran ser del sexo que no son. La gran mayoría de los gais y lesbianas desean ser hombres o mujeres igual que los heterosexuales simplemente se diferencian en que prefieren tener relaciones eróticas con personas de su mismo sexo. Los homosexuales la mayor parte del tiempo son exactamente iguales que el resto de individuos de su sexo lo que los diferencia de los heterosexuales son los aspectos sexuales pero como el resto solo pasan una pequeña parte de su tiempo practicando el sexo. Las relaciones amorosas de los homosexuales son tan complejas como las de los heterosexuales con sus logros y sus problemas e implican más que sexo.

En nuestra cultura los bisexuales son un pequeño grupo de personas, pansexuales que pueden tener indistintamente relaciones con su mismo sexo o el contrario. La bisexualidad debe de considerarse como una opción mucho más abierta donde la persona se siente atraída por personas de los dos sexos en grados diferentes. De esta forma podríamos decir, a groso modo, que en los sapiens existen cuatro tipos de orientación sexual: heterosexuales, homosexuales, bisexuales y pansexuales. Las personas transexuales poseen una identidad de género que no es coherente con su sexo anatómico pero deben ser consideras con el sexo que se identifican dejando de lado el sexo anatómico con el que nacieron. Las personas transexuales no son gais o lesbianas son personas que se sienten atrapadas en un cuerpo del sexo equivocado quieren ser hombres o mujeres y deben ser aceptados así, considerados del sexo con él que se identifican independientemente de cual sea el sexo de nacimiento.

Las atracciones románticas que cada persona siente definen la orientación sexual, ésta no se define por la actividad sexual. En consecuencia personas cuya orientación sexual es la heterosexual pueden haber tenido relaciones sexuales con personas de su mismo sexo. En la serie de Netflix *"¿Quién mató a Sara?"* cuando uno de los protagonistas homosexual es encerrado en la cárcel un preso de orientación heterosexual lo busca para mantener relaciones sexuales. Damos por hecho que cualquier hombre heterosexual privado de mujeres rápidamente buscará el contacto con otros hombres para satisfacer sus instintos sexuales pero esto sólo pasa en nuestra especie. Por mucho que se separen a los machos de chimpancés y se les prive de hembras no buscan nunca el sexo homosexual. Para poder tener sexo homosexual se necesita sentirse atraído de alguna manera por este tipo de sexo. En una serie francesa *"Sa raison d'etre "* los protagonistas uno gay y el heterosexual son amigos íntimos que comparten el cuidado de un niño. El homosexual está perdidamente enamorado del heterosexual y este lo sabe. El hetero lo quiere y una vez que coinciden en el baño le propone que pueden intentar tener sexo. El heterosexual, aunque lo intenta, no consigue empalmarse y lo tienen que dejar, su relación no pude ser sexual ya que falta la chispa erótica que permita que uno de ellos se excite con el otro. Es fundamental que para que dos personas tengan sexo necesitan excitarse ambas con los cuerpos de la otra, sino es así será un mal sexo y nadie se mete en una relación homosexual o heterosexual para no disfrutarla. A veces da la sensación de que la capacidad de lograr o mantener una erección suficiente para una actividad sexual satisfactoria es siempre posible en el hombre sin necesidad de que exista un estímulo sexual, pero la realidad no es tan sencilla para tener relaciones sexuales se necesita un estímulo sexual con el sexo que se elija sino estas relaciones son o serían imposibles.

Entre los soldados marineros que viven mucho tiempo en camarería en un barco es muy frecuente que se establezcan relaciones de sexo homosexual pero sería erróneo decir que todos los marineros mantienen este tipo de sexo. Habiendo grandes diferencias entre los mismos hombres de orientación heterosexual, a unos les excitara lo suficiente la idea como para poder realizar sexo homosexual y para otros simplemente será imposible. La orientación del individuo no varía por tener relaciones contrarias a la misma, esto sólo indica que la persona en determinadas circunstancias puede sentirse atraída por el mismo sexo o el contrario y excitarse lo suficiente para interactuar sexualmente. Además se trata de un fenómeno generalizado en todas las sociedades, no de algo anómalo y puntual.

Por si todo esto fuera poco las personas no son inamovibles en sus fantasías e intereses eróticos y estos pueden variar con el tiempo. Las personas heterosexuales pueden experimentar episodios homosexuales y las homosexuales heterosexuales. Así, la atracción por personas del otro sexo o del mismo sexo no siempre es mutuamente excluyente. Cada persona es única y sus experiencias sexuales también lo son sin tener que limitarse en exclusiva al sexo heterosexual u homosexual. Esto es algo que en 1948 ya habían descubierto Kinsey y sus colaboradores, ellos lo expresaron así:

"En relación a los modelos de conducta sexual, muchas de las reflexiones que han hecho tanto los científicos como los hombres de leyes se fundamentan en la asunción de que las personas son <<heterosexuales>> u <<homosexuales>>, que estas dos especies son antitéticas en el mundo sexual y que hay un grupo insignificante de <<bisexuales>> que ocupan una posición intermedia. Con los casos de nuestro estudio, sin embargo, queda claro que la heterosexualidad y la homosexualidad de muchas personas no es una cuestión de todo o nada. Es cierto que algunas personas tienen una historia exclusivamente heterosexual, tanto en sus experiencias físicas como en sus reacciones psíquicas; del mismo modo, hay personas exclusivamente homosexuales, tanto en sus experiencias físicas como en sus reacciones psíquicas. Pero nuestros datos muestran que hay una proporción considerable de la población en cuyas historias se combinan la heterosexualidad y la homosexualidad. En algunos, las experiencias heterosexuales

predominan, en otros predominan las experiencias homosexuales, y otros tienen una experiencia bastante igual en uno y otro sentido.

Por tanto, los hombres no se dividen en dos grupos de población distintos (los heterosexuales y los homosexuales), como distinguimos las ovejas de las cabras. Las cosas no son blancas o negras. Al emplear taxonomías es importante comprender que la naturaleza raramente se deja clasificar con categorías. Es la mente humana la que inventa categorías y fuerza la realidad para encasillarla en ellas. En la vida real, hay una continuidad entre uno y otro extremo. Cuanto antes entendamos este aspecto de la conducta sexual humana, antes alcanzaremos una comprensión real de la sexualidad."

Pese a que esto se escribió en 1948 todavía nos cuenta no separar a los grupos de población distintos, los heterosexuales y los homosexuales, como si fueran los únicos. Lo tenemos tan internalizado que pretendemos que una relación homosexual convierte a la persona en homosexual de por vida y olvidamos como si desconociéramos que la sexualidad humana es mucho más compleja que la de los perros o los gatos. Estamos obcecados y por mucho que nos digan seguimos obstinados y empecinados en distinguir claramente a las personas por su sexo. Aunque las cosas no son blancas o negras, obsesos nos empeñamos terca y testarudamente en engañarnos fingiendo que los grises no existen.

Según Diamond, especialmente en la adolescencia las experiencias y los sentimientos sexuales que implican a personas del propio sexo son bastante comunes, pero esto no significa que obligatoriamente estos adolescentes de adultos no sean heterosexuales y mantengan una actividad sexual futura exclusivamente homosexual. Esta plasticidad en la juventud podría haber favorecido que en la prehistoria los jóvenes sapiens perdidos hubieran podido integrarse en otras poblaciones diferentes a la suya interaccionando sexualmente con algún hombre adulto de la otra población. No tengo muy claro que esto no fuera así en los primitivos grupos sapiens y creo firmemente que sería una forma sencilla para que un joven macho pudiera integrarse en otro clan, posiblemente de la misma forma que se integran las hembras bonobas, teniendo sexo con otro macho adulto. Nuestra sexualidad diferente de la de chimpancés y la de bonobos permite unos machos únicos y unas relaciones sexuales también únicas. Por lo que no sería descabellado pensar que un joven macho sapiens que se encontrara perdido sólo sin su gente y se tropezara con otra tribu no acabará muerto tras una golpiza como si fuera un chimpancé sino integrado en el nuevo clan. Este joven siempre podría parecer sexualmente atractivo a un hombre adulto de la tribu con el que tendría sexo después bajo su protección lo acogerían en la tribu, un tiempo después, se acabara integrando en la tribu y formando su propia familia heterosexual. ¡Quizás por eso en la adolescencia la sexualidad sea tan abierta!

No debemos olvidar que la pederastia fue una práctica común en la antigua Grecia desde la época arcaica, consistía en la relación sexual entre un hombre adulto, erastés, y un joven adolescente, eromenos, de entre quince y dieciocho años, o sea un adolescente entrado en la pubertad. La relación erastés-eromenos estaba arraigada en el sistema social de la Grecia Clásica. En Creta cuando un joven llegaba a la pubertad se esperaba que fuera raptado por un hombre mayor autorizado por el padre del joven. Los chicos serían cortejados por el hombre adulto con el que tendrían sexo y con él que aprenderían el arte de la guerra y estarían con su erastés hasta que se consideraran adultos. Los chicos empezaban en la pubertad a mantener estas relaciones sexuales, aproximadamente a la misma edad en que las chicas eran entregadas en matrimonio, también a maridos bastantes años mayores. Para los griegos la práctica de la pederastia no implicaba para nada una pérdida de la virilidad de ninguno de los dos participantes y en prácticamente todas las ciudades griegas esta práctica con algunas diferencias estaba institucionalizada. En Esparta todos los autores coinciden que la pederastia estaba institucionalizada y Eliano sostiene que la ciudad multaba a los nobles espartanos que no ejercieran de erastés. Además de las relaciones sexuales consentidas entre los dos varones comportaba la obligación de la educación militar del hombre mayor con respecto al joven hasta tal punto que ambos hombres compartían su reputación y si el joven erraba o lloraba el adulto podía ser sancionado. Algunos autores consideran que la pederastia tenía connotaciones guerreras mientras que otros piensan que era más un rito iniciático del paso del niño a la pubertad o a la edad adulta pero también pudiera ser una reminiscencia de un antiquísimo pasado grupal que incorporaba a jóvenes de otros clanes al propio clan mediante el sexo. Hay que tener en cuenta que para los griegos el hecho de estar casado y tener sexo con su mujer con fines reproductivos no impedía tener relaciones con chicos jóvenes con el fin de obtener réditos políticos.

La tribu de los keraki en Nueva Guinea tiene un rito de iniciación para los jóvenes varones en el que estos les enseñan el arte de la penetración anal y tras este rito pasaran el resto de su soltería teniendo relaciones anales con los otros nuevos iniciados. En algunas partes del mundo los niños para desarrollarse y convertirse en hombres tienen que tomar semen de los adultos. En Costa de Marfil existe un rito de iniciación de un día en que los padres enseñan todo lo referente al sexo manteniendo relaciones sexuales con sus hijos.

Todos hemos asimilado por nuestra educación que el sexo homosexual es malo e innatural y está percepción, que tardo siglos en imponerse, pero que se ha mantenido por más de 2000 años tardará mucho en desaparecer. Querámoslo o no las relaciones sexuales bisexuales tanto homosexuales como heterosexuales, como compartidas están incorporadas a nuestra especie y son parte de nuestra esencia de sapiens. Muy probablemente sin ellas no podríamos haber llegado a donde hemos llegado ya que forman parte de esa bisexualidad heptaseptada especial que nos permite ser tal como somos diferentes del resto de los primates y los mamíferos en general. No podemos elegir desechar nuestra extraña sexualidad porque no la comprendemos, porque nuestra religión o nuestras leyes la denigran o la sociedad en la que vivimos la desacredita y desprestigia.

Muy probablemente es está rara sexualidad de nuestro grupo la que nos separó del resto de los humanos y nos permitió dominar la Tierra entera y el mundo. De poco les valió a los neandertales tener un cerebro más grande que el nuestro y estar más adaptados a Europa y Asia si no podían cooperar entre ellos y cuando llegaron nuestros antepasados los dominaron hasta el exterminio. Nuestra chocante y sorprendente sexualidad fue el motor que nos permitió separarnos del resto de los humanos y convertirnos en sapiens.

No somos los únicos primates que hemos empleado la sexualidad para separarnos de la violencia intrínseca de los machos que es norma común en prácticamente todos los grandes simios. Nuestros parientes bonobos también han empleado el sexo para romper el círculo sin fin de la violencia masculina. Las religiones o los gobiernos que intentan que nos parezcamos sexualmente a las ovejas o a las vacas no comprenden nuestra naturaleza y denigran la sexualidad la que nos convierte en los sapiens que somos.

El sexo homosexual no es algo innatural, no es ningún invento humano basta hacer una búsqueda en google *"animales gays"* para ver imágenes o videos de relaciones homosexuales entre animales no humanos. También aparece una noticia curiosa del el país.es subida a youtube[4] *"Kenia culpa al turismo gay de un encuentro sexual entre leones macho"*.

Las relaciones homosexuales infrecuentes pero constantes han estado ahí probablemente desde que la evolución invento el sexo animal. La evolución, en nuestra especie, se aprovechó de algo que ya existía para generalizarlo y convertirnos en los sapiens que somos. En todos los grupos animales el macho exclusivamente heterosexual es territorial e intolerante con el resto de los machos. La lucha por las hembras en muchas ocasiones es a muerte y desde luego la tolerancia y la colaboración es imposible entre ellos. En casa teníamos un gato que amanecía cada día dañado por pelearse con el gato del vecino que quería quitarle el territorio. Las luchas sólo finalizaron cuando el vecino decidió caparlo. En ese momento desapareció el problema y el gato no volvió a pelearse con nuestro gato. De alguna manera nuestra extraña sexualidad nos ha capado sin necesidad de quitar los testículos a los machos. Al ampliar el rango sexual, convirtiendo en posibles compañeros sexuales a todos los individuos, hembras y machos, ha borrado la necesidad innata de la lucha a muerte por las hembras y ha reducido dramáticamente la violencia e intolerancia entre los machos. Nuestra sexualidad ha feminizado a la mayoría de los machos y masculinizado a la mayoría de las hembras.

Aquellas religiones y aquellos gobiernos que nos quieren exclusivamente heterosexuales no nos quieren sapiens nos quiere chimpancés o animales diferentes a lo que somos. En la serie de Netflix *"¿Quién mató a Sara?"* Chema uno de los protagonistas homosexual avergonzado por su condición sexual pide una especie de perdón a su dios y al televidente en uno de los capítulos diciendo que él no lo ha escogido que nació así … Para mí cuando lo vi me resultó patético. Que alguien pida perdón por ser un humano sapiens a un dios que lo quiere diferente del sapiens que es, y a unos televidentes que no han aprendido a aceptarse tal como son; es ridículo pero normal y frecuente en nuestra sociedad actual. No se puede tener todo, si queremos ser los humanos sapiens que somos necesitamos de nuestra extraña y única sexualidad. Cualquier otra sexualidad conduciría a unos humanos más violentos e intolerantes que lo nunca hemos sido o aspirado siquiera a ser. Por tanto es dramático y trágico que millones de personas en el todo el mundo tengan coartada su sexualidad porque no se han parado a mirar en su interior dejando salir sus sentimientos innatos sin mirar afuera a los amenazantes condicionamientos sociales.

En nuestra sociedad de sapiens los heterosexuales y los homosexuales puros son la gran minoría. La mayoría de las personas son gradualmente bisexuales les guste o no. Por tanto aceptar la homosexualidad pura en el otro debería ser tan sencillo como aceptar la heterosexualidad pura. Sin embargo muy a menudo la persona homosexual padece un tormento individual antes de autoaceptarse y decidirse a informar a una o unas pocas personas seleccionadas de sus preferencias sexuales. A menudo, las personas homosexuales se han de enfrentar a reacciones negativas de su familia y de su entorno social y aceptar su sexualidad supone un renacimiento como si fuera otro ser ante su propio medio social. Por tanto aceptar una parte homosexual por pequeña que sea en uno mismo es un tabú casi imposible. Algún día las personas acabaran aceptándose tal y como son, tal como la evolución los hizo y desterraran a los mismos infiernos a las religiones, religiosos y políticos que intentaron convertirlos en algo que no eran.

Como hormigas argentinas fuera de su hábitat

¿Qué pintan las hormigas argentinas en esta historia?

Aunque pueda parecer que estos insectos sociales tienen poco que argumentar en este libro no es así. Las hormigas argentinas han sido trasladadas de manera involuntaria desde el cono sur americano hasta varias de las zonas más calientes del mundo. Como consecuencia de estos traslados involuntarios estos insectos se comportan en las zonas invadidas como mega ejércitos que arrasan y destruyen a su paso por donde pasan, ya que han pasado de la individualidad del clan en el cono sur americano a la colectividad de los clanes allí donde se instalan de nuevo. Como consecuencia de este fenómeno se han convertido en un enemigo imbatible en sus nuevos hábitats de manera que ninguna especie nativa puede con ellas. Algo similar creo que ocurrió con los sapiens como consecuencia de su extraña sexualidad. Es el momento de explicarlo.

Las hormigas son muy importantes en la conservación de los ecosistemas y en muchas ocasiones son el grupo dominante, por ejemplo las hormigas que cortan hojas en Iberoamérica son los mayores herbívoros de los bosques en relación a la masa de hoja consumida a la vez serán fuente de alimento consumidas por osos hormigueros y muchos otros vertebrados e invertebrados. Además depositan en el terreno gran cantidades de nutrientes que luego serán empleados por las plantas. De forma que cuando se altera un ecosistema porque se acaba con la especie dominante o porque se introduce alguna otra especie que puede competir con las especies nativas hasta exterminarlas se causa un grave problema al ecosistema donde viven estos insectos.

El parque natural de Doñana, declarado Patrimonio de la Humanidad por la Unesco, es el espacio protegido y la reserva ecológica más importante de España y Europa con más de 50 mil hectáreas de parque nacional y otras tantas de parque natural. Situado en Andalucía al sur del país cerca del mar Mediterráneo y del océano Atlántico cuenta con una enorme extensión de marismas que acogen cientos de miles de aves de diferentes especies cada invierno, no en vano está entre dos mares y dos continentes. Se han contado en él más de treinta especies de hormigas nativas diferentes y la foránea hormiga argentina, la visitante indeseada.

La hormiga argentina, *Linepithema humile*, se está extendiendo como una plaga por todo el mundo y en su expansión también ha llegado a Doñana. Es una hormiga a la que le gustan las zonas cálidas del globo y no hace ascos al clima tipo mediterráneo de Doñana. La hormiga argentina es reconocida como plaga agrícola por la cantidad de daños que ocasiona a la agricultura pero además al ser omnívora también ataca a otros insectos y pequeños vertebrados e incluso a pequeños mamíferos hasta hacer que disminuyan de manera alarmante afectando de esta forma también a sus predadores ya que todo lo que cae entre sus poderosas mandíbulas desaparece devorado. Miguel Delibes cuenta en su libro *"La naturaleza en peligro"* como fue testigo, en el parque de Doñana, del ataque a un nido de golondrinas donde mataron y devoraron a todos los pollos que contenía. No conformes con afectar a parte de la fauna del parque también afectan al ecosistema vegetal del mismo a distintos niveles. Son un verdadero peligro para el parque ya que por un lado eliminan grandes cantidades de insectos polinizadores y dispersores de semillas lo que afecta a todo el ecosistema vegetal y por otro ayudan a la dispersión de enfermedades por su relación con pulgones y cochinillas. Este insecto se ha hecho tristemente famoso en todo el mundo debido a ser uno de los más dañinos e invasivos que se conocen y por ahora sólo parecen pararla los climas más fríos. La hormiga argentina es una especie nativa del cono sur americano, a pesar que se la denomine como argentina es nativa de todo el cono sur americano: Brasil, Paraguay y Uruguay. Estas hormigas en su hábitat natural americano no son problemáticas pero cuando han sido trasladadas a otros hábitats son mortales de necesidad para el medio ambiente por su comportamiento social diferente ya que acaban con las cosechas, con las especies de hormigas nativas y con algunos otros invertebrados.

En este documento lo que más nos interesa de esta hormiga es que, según la mayoría de los estudios, su exuberante éxito se atribuye a los cambios en su conducta social y estructura colonial en su hábitat de origen y en los hábitats que ha invadido. Todos los trabajos realizados que analizan la conducta y la genética de la población en su entorno natural y en los ambientes invadidos, muestran una hormiga multicolonial en su hábitat natural y unicolonial en los territorios invadidos.

En sus zonas de origen existen varios hormigueros con colonias genéticamente bien diferenciadas con nidos donde las fronteras territoriales están muy bien definidas entre ellas, de manera que cada nido es defendido de forma muy agresiva por unas hormigas frente a sus vecinas de los otros hormigueros. Puesto que se reconocen como genéticamente diferentes se mantienen a raya entre ellas impidiendo que ningún hormiguero aumente más de la cuenta. Las reinas de las poblaciones nativas presentan patrones genéticos muy diversos de tal manera que cada nido es totalmente diferente del resto y cuando se cruzan entre ellas luchan ferozmente a vida o muerte. Las obreras de las diferentes colonias lucharan hasta la muerte frente a las obreras de otros nidos y a mayor lejanía mayor agresividad en sus peleas por dominar al otro. Esta competencia entre diferentes nidos con sus eternas rencillas hace que está especie no sea ecológicamente dominante en sus poblaciones nativas y que numéricamente no sea ningún problema como lo él en sus nuevos hábitats. Por lo tanto en su hábitat nativo en el cono americano son una hormiga más que no causa demasiados problemas.

Sin embargo las poblaciones invasoras que han llegado a varias partes cálidas diferentes del mundo parten de una situación muy diferente. Al inicio de la colonización los nidos se han formado con una o muy pocas reinas hermanas y uno o muy pocos machos también genéticamente idénticos. Por tanto las obreras no son hijas de diferentes reinas muy distintas genéticamente sino probablemente de una o pocas reinas hermanas genéticamente muy próximas esto ha causado un empobrecimiento genético que unido a la poliginia, donde un mismo macho fecunda diferentes reinas, de esta especie genera que las obreras de las diferentes colonias sean tan similares genéticamente entre sí que son incapaces de distinguirse de las obreras de los otras colonias. Está incapacidad de ver a las otras obreras de las otras colonias como extrañas hace que reduzcan su agresividad intraespecífica o incluso que la eliminen totalmente al sentirse todas ellas miembros de una misma colonia. Y sustituyen la agresividad propia de la especie entre colonias extrañas por la colaboración propia de la hermandad del hormiguero. Esta cooperación entre las diferentes colonias vecinas, que deberían luchar hasta la muerte entre sí, hace que todas ellas formen una megapoblación que colabora y coopera frente a los otros insectos, invertebrados y pequeños vertebrados de la zona haciendo verdaderos estragos en ellos. No ataca un nido sino un enjambre de hormigueros, ningún insecto ni ningún pequeño vertebrado puede hacer frente a semejante tropa. Su gran número y el hecho de que colaboran entre sí como si se trataran de un único hormiguero deja al resto de animales completamente indefensos ante ellas que por si fuera poco carecen de depredadores natrales en la zona. Por tanto allí donde se ha introducido la hormiga argentina muestra un comportamiento diferente deja de ser colonial para ser megacolonial o nacional. Es como si todas ellas formaran parte de la una misma nación y ya no importaran las colonias más pequeñas y ya no importaran los diferentes nidos ya que todas las obreras se reconocen como miembros de la misma nación y toda su agresividad se enfoca en colaborar para destruir a los otros ya que la agresividad intraespecífica natural que debería mantenerlas a raya es ahora cooperación intraespecífica para desgracia de sus enemigos o cualquier especie que se encuentre en su camino. Sus grupos pueden ser verdaderas naciones de hormigas que ocupan cientos o miles de kilómetros de individuos pertenecientes a un mismo hormiguero ya que como han perdido la agresividad intraespecífica, se reconocen entre ellos y colaboran entre si y contra el resto. Su organización social, unicolonial en una única nación hace que la densidad de hormigas en una zona determinada sea muy elevada y que su ejército de obreras no tenga competencia frente al resto de hormigas nativas, o de otras especies de insectos saliendo siempre ganadoras a la hora de quedarse con los mejores recursos alimenticios. Nada pude con ellas, se trata de verdaderas milicias, hasta centenas o millares, superiores en número, capaces de arrasar con los más nutritivos alimentos a la vez que son feroces tropas capaces movilizar cientos o miles de individuos para la captura de presas o la lucha directa con otras especies que siempre sucumben impotentes frente a semejantes números. Así se da la paradoja de este insecto que ecológicamente no es dominante en sus poblaciones nativas y puede coexistir con las otras especies sin problemas por lo que resulta insignificante se convierte en invasor cuando sale fuera y es capaz de colaborar con otros grupos formando una nación.

La sexualidad de los sapiens actúo, de alguna forma como, la homogeneidad genética en la hormiga argentina, de repente los machos perdieron esa agresividad y violencia innata entre ellos que impedía que sus grupos colaboraran y se mantuvieran a raya. La feminización de los machos rompió definitivamente el constante deseo de matarse entre ellos a la vez que abrió la posibilidad de contemplar a los otros machos, sobre todo a los jóvenes, como objetos de placer sexual. El hecho de que un joven macho pudiera ser visto y sentido con apetito sexual por parte importante de los hombres de los clanes vecinos cambió definitivamente las cosas. Un joven varón perdido y separado de su clan al llegar a otro ya no estaba condenado a una muerte brutal y violenta ahora podía interactuar sexualmente con alguno de los machos adultos del otro clan y poco a poco pasar a ser miembro del mismo con la ventaja de que una vez incorporado podría servir de puente mediador entre clanes. El sexo homosexual servía de catalizador para unir clanes que sin esta herramienta estaban condenados a odiarse, asesinarse, decapitarse, degollarse y fusilarse entre sí hasta que sólo sobreviviera uno de ellos.

Capítulo 4 Neandertales, heterosexuales como dios manda

Gracias a la capacidad para colaborar entre los machos y unirse en megagrupos nuestros antepasados fueron capaces de exterminar a las otras especies humanas en sus territorios nativos pese a estar mejor adaptadas a sus territorios y en el caso de los neandertales pese a ser probablemente menos inteligentes. Ninguna otra especie humana pudo enfrentarse con éxito a las naciones sapiens recién formadas que los atacaban en grupo y los exterminaban sin piedad.

Si las sociedades neandertales hubieran sido prácticamente idénticas a las sapiens tal como las pinta Rebecca Wragg Sykes en su libro *"Neandertales"* lo más probable es que hoy todos los humanos del planeta o al menos los descendientes europeos y parte de los asiáticos fuéramos todos híbridos *Homo neanderthalensis* X *sapiens,* lo que no somos. Las recientes investigaciones consideran que los individuos euroasiáticos tienen en su DNA sólo entre un 2 al 5 % de genes neandertales muy lejos del 50 % esperado para los híbridos.

Los denisovanos fueron otro de los grupos de humanos que habitaron Asia entre hace 50.000 y un millón de años. En 2018 se publicaron los resultados del análisis genético de un fósil asiático de 50.000 años bautizado como Denny, una niña de unos 13 años de madre neandertal y padre denisovano. Sin embargo pese a la escasez de fósiles denisovanos frente a la gran cantidad de fósiles neandertales y sapiens que se han encontrado todavía no ha aparecido ningún fósil de un híbrido entre sapiens y neandertales aunque la genética del hombre moderno nos indica que existieron pero que debieron ser tan escasos que será muy difícil que aparezca alguno. Aunque los neandertales eran más próximos genéticamente a los sapiens que a los denisovanos es razonable pensar que sin embargo socialmente fueran más parecidas estas dos especies que con los sapiens lo que les permitiría hibridarse más frecuentemente. Hace 100.000 años el sapiens era sólo una especie humana más sobre la superficie de la tierra, había varias especies más de humanos, aunque los más conocidos y abundantes sean los neandertales y los denisovanos.

En 2008 se publicó el ADNmt neandertal de forma completa, en ese artículo científico se confirmaba que el genoma mitocondrial neandertal no había contribuido al genoma mitocondrial humano y se afirmaba que los neandertales tuvieron siempre un tamaño efectivo muy reducido. La conclusión final de los estudios de ADN mitocondrial indicaba que no había habido un intercambio genético entre hombres sapiens y hembras neandertales ya que no hay ningún rastro de tal intercambio en los genomas mitocondriales. Por tanto todo el poco DNA neandertal que los sapiens llevamos en nuestro genoma proviene de híbridos de madre sapiens y padre neandertal. En 2013 se publicó la secuencia definitiva de genoma neandertal, donde quedaba claro que había habido hibridación entre los sapiens y los neandertales y que estos últimos habían contribuido hasta en hasta un 2,1% de nuestro ADN. Por tanta la hipótesis más probable es que hubiera hibridación entre hembras sapiens y machos neandertales pero no al contrario. Esto da que pensar respecto a porque los hombres sapiens no se hibridaron con las neandertales. Si como aquí se supone las mujeres neandertales sólo tenían sexo para procrear, una semana al año o cada tres años, difícilmente hubieran encajado con ningún hombre humano.

Cuando llegaron los españoles a América, el mestizaje se produjo mayoritariamente entre los machos de la raza que había vencido y las hembras de la raza perdedora. Algo semejante debería esperarse entre los sapiens ganadores y los neandertales perdedores el hecho de que no sea así indica que hay que buscar hipótesis razonables a este fenómeno y fijarnos sobre todo en las posibles diferencias sociales entre ambas especies humanas. Si estudiamos con atención las características del hombre neandertal comprobamos que estaba mucho más adaptado a Europa que el sapiens, además muy posiblemente era más inteligente y sus armas eran igual de buenas o incluso mejores. Entonces ¿por qué ganó el *Homo sapiens*?

Ya conocemos que los sapiens debido a su extraña sexualidad habrían perdido parte importantísima de esa violencia demoniaca en gran parte de sus machos, violencia que caracteriza al resto de machos de los grandes simios y posiblemente de las otras especies humanas.

Algunas características de los neandertales

Por tanto vamos a repasar algunas de las características supuestas de los neandertales.

La primera, ¿eran propensos a la violencia? Existe la creencia de que los neandertales eran proclives a la violencia, aunque es muy difícil documentar agresiones en fósiles y las conclusiones podrían ser erróneas. De todos modos muchos de los fósiles encontrados presentan heridas en la cabeza sin que se conozca cómo se hicieron. Por ejemplo uno de los fósiles de la Sima de los Huesos tiene una herida provocada dos veces con la misma arma imposible de explicar como un accidente, aunque también pudieran ser heridas realizadas por un animal. Los fósiles de neandertales encontrados en Krapina muestran altísimos índices de lesiones craneales por aplastamiento. Algunas lesiones pudieran ser accidentes pero desde luego no todas. Y se sabe que la violencia machista en los sapiens muchas veces produce lesiones parecidas. Se conocen dos casos seguros de agresión entre neandertales. Un adulto de Shanidar con trozo de arma alojado entre las costillas lo que indica que la herida se curó y el otro un fósil encontrado en

La Roche-à-Pierrot, en Francia, se trata de una mujer con una profunda herida de más de 7 cm de largo en la cabeza; posiblemente causada por un objeto punzante de filo recto. El objeto la golpeó en la cabeza con tanta violencia que le desgarró el cuero cabelludo y destrozó el hueso pero el hueso está cicatrizado por lo que indica que se curó. Encontrar tantos fósiles con lesiones desde luego indica que muy probablemente eran tan violentos como se les supone.

La segunda, tenían un córtex frontal pequeño. Pese a tener cerebros más grandes que los sapiens su córtex era inferior al de los nuestros lo que supone relaciones sociales menos desarrolladas ya que el córtex frontal controla las interacciones sociales.

La tercera, los dientes de los niños neandertales. Los estudios del crecimiento de los dientes de los neandertales, revelan que alcanzaban la pubertad bastantes años antes que los hombres modernos. Y no sólo los Neanderthal habrían alcanzado la pubertad mucho antes que los niños actuales de nuestra especie, sino que sorprendentemente, los niños Neanderthal se caracterizarían por tener el período más breve de crecimiento dental entre todas las especies de homínidos, lo que podría significar fuertes diferencias en la socialización con los sapiens. Cuando los arqueólogos contaron las líneas interiores de crecimiento de los dientes de fósiles de algunos niños, descubrieron que el ritmo de su formación era por término medio un día más rápido Así para uno de los neandertales completos más famosos, se le calculó una edad al esqueleto de entre 2,5 y 4 años, pero el estudio de las periquimatias descubrió los dientes de un niño de mucha menos edad. Lo mismo ocurrió con otro niño encontrado en el yacimiento de Sidrón sus dientes traseros estaban menos desarrollados de lo que cabría deducir por las líneas de crecimiento y algunos de sus huesos se parecían mucho más a los de un niño de 2 o 3 años menos. Esto podría indicar que sólo las madres cuidaban de los niños aunque los hombres repartieran la comida colectivamente cuando venían de la caza. Puede ser que el niño Neanderthal dependería sólo de su madre, por lo que tendría una niñez más corta llegando mucho antes a la pubertad, lo que obligatoriamente implicaría una menor complejidad social en sus sociedades ya que la bisexualización alargaría la infancia de los niños del sapiens, al tener una madre y un padre pendientes de ellos.

La cuarta, los cerebros de los neandertales más grandes. Los cerebros dejan una impronta en el interior del cráneo y si se rellena el cráneo con yeso u otra masilla podemos ver cómo eran esos cerebros. Estudiados con la moderna tecnología de escaneo en 3D los cerebros parecen volver a la vida en toda su dimensión. Los cerebros de mayores capacidades pertenecen a los hombres.

La quinta, grupos de varones relacionados genéticamente. Los fósiles de todos los machos del Sidrón procedían de la misma población genética. En cambio, las mujeres adultas provenían de dos linajes diferentes, y los investigadores interpretaron este dato como una prueba de que se habían unido a un grupo dominado por machos emparentados.

La sexta, ¿reproducción grupal? Aunque hay muchas teorías sobre se reproducían una de ellas basada en los fósiles encontrados en Sidrón indica grupos dominados por machos pertenecientes a una misma familia siendo las hembras las ajenas al grupo.

La séptima, ¿morían jóvenes? La mayoría de fósiles de esqueletos encontrados pertenecen a adultos jóvenes, lo que apuntaría a unas vidas bastantes cortas. Hay muy pocos fósiles de individuos ancianos.

La octava, grupos pequeños. Al parecer los neandertales vivían en grupos no demasiado grandes y en algunos lugares los grupos podían ser tan pequeños que tendrían efectos genéticos apreciables a simple vista a causa de la endogamia. Por ejemplo, los tres fósiles hallados en la Quina, Francia, comparten un rasgo craneal, defecto genético, imposible de encontrar en cualquier otro sitio.

La novena, infrarrepresentación de cuerpos femeninos. Se han encontrado muchísimos más fósiles de hombres que de mujeres y puesto que algunos cuerpos fueron movidos por los otros neandertales hay que preguntarse si separaban los cuerpos de los hombres de los de las mujeres por alguna razón. Pudiera ser que como en los chimpancés los hombres formaran un grupo y las mujeres otro, siendo de mayor rango el grupo de los hombres.

La décima y última, narices mucho más grandes En la nariz están los receptores de las feromonas sexuales humanas que informan sobre la masculinidad o feminidad de la persona que las segrega y que intervienen en el comportamiento sexual del receptor. Las feromonas son sustancias orgánicas de bajo peso molecular que se fijan sobre receptores situados en el seno de la mucosa del órgano vomeronasal en la nariz y provocan determinados comportamientos en el receptor. En muchos mamíferos las feromonas tienen una importancia vital en la bioestimulación sexual, estimulando a los machos o a las hembras para propiciar la relación sexual y la copula con el fin de la reproducción. Además, las feromonas juegan un papel importantísimo en la lucha por el control territorial. Aunque en nuestra especie no parecen ser muy importantes sí que pudieron serlo en los neandertales ¿podrían detectar el olor de una hembra humana en sus días fértiles y desear copular con ellas? ¿Podrían detectar la presencia de los machos sapiens?

Las diez particularidades que hemos señalado aquí parecen indicar que los neandertales eran heterosexuales exclusivos y tenían el deje violento propio de los grandes simios heterosexuales como el chimpancé. De ser esto cierto habría una explicación clara a la causa de su extinción a manos de los sapiens.

Neandertales los primeros europeos

El primer hallazgo de restos neandertales se realizó en 1829 en el yacimiento belga de Engis pero pasó desapercibido para la ciencia al igual que el segundo que se realizó en unas cuevas de Gibraltar, en la península ibérica, concretamente en la punta sur de Europa, en 1848.

Fue en 1856, unos mineros que trabajaban en el valle de Neander (Alemania), en una cantera de calizas, descubrieron unos fósiles de una especie humana. Al principio tampoco se le dio demasiada importancia pero se acabó entendiendo que pertenecían a una nueva especie humana y se le dio el nombre de neandertal. Desde su primer descubrimiento en Bélgica y hasta la actualidad son muchos los yacimientos de esta especie homínida descubiertos en Europa y la parte asiática que colonizaron. Los neandertales son una especie endémica europea, propia de las latitudes centrales y meridionales de Europa y sus alrededores hasta Asia Central. El humano neandertal, *Homo neanderthalensis*, es una especie europea derivada a partir de un taxón previo africano que posiblemente sea el *Homo heidelbergensis*. Por tanto el neandertal nació y murió en Europa y posiblemente sea la única raza de humanos estrictamente europea ya que sus ancestros y ellos estuvieron en Europa por medio millón de años, mucho más que nuestra especie sapiens que como mucho sólo somos europeos desde hace 40.000 años. Aunque los neandertales era una especie diferente al sapiens, no eran físicamente tan diferentes a nosotros como se pudiera pensar y las cientos de reconstrucciones actuales de su aspecto físico los podría introducir vestidos como nosotros en un vagón de metro y hacer que pasarán desapercibidos como unos sapiens más. Si nos paráramos detenidamente a analizarlos, nos llamaría la atención la forma de la cara, sobre todo vista de perfil. Además la ropa escondería un cuerpo mucho más ancho, y notaríamos su altura inferior en torno a 160 cm o sea 10 o 20 cm menos. Sus esqueletos eran más pesados y robustos con cajas torácicas y cinturas más anchas y las proporciones de sus miembros eran también algo distintas posiblemente con unos muslos mucho más musculados que pesaban de media un 15% más. También sus esqueletos evidencian unos huesos más gruesos con músculos más grandes, lo que los hace más fornidos y forzudos que los sapiens. Finalmente tendrían pieles claras para poder sintetizar mejor la vitamina D pecas y algunos de ellos posiblemente pelo rojo, eran blancos frente a los sapiens africanos del comienzo de la colonización europea posiblemente negros. Lo más curioso es sin embargo su cráneo mucho más grande, más alargado y redondeado que el del sapiens, con una capacidad de entre 1200 y 1740 cm cúbicos frente a 1300-1400 cm cúbicos de promedio en los sapiens. Por tanto tenían un cerebro mayor que el nuestro lo que teóricamente les daba la posibilidad de ser más inteligentes. Después extrañan los ojos, sus órbitas eran mayores que las de cualquier sapiens pasado o presente, con unos ojos mucho más grandes por lo que tendrían unas retinas más sensibles capaces de absorber más de luz en una región, ya que se encontraban en Europa, a una latitud mucho más alta que África con inviernos más largos y más oscuros. Pese a tener cerebros más grandes el córtex era muy inferior al de los sapiens. El córtex frontal controla las interacciones sociales por lo que su mayor tamaño está asociado a relaciones sociales más amplias en los sapiens ya que el cerebro de nuestra especie está especialmente abultado en esta zona, en comparación con el cerebro neandertal. Su nariz era mayor que la de los sapiens casi un tercio lo que les permitiría inhalar el aire el doble de rápido de lo que lo inhalamos nosotros. También es muy posible que existieran receptores de feromonas en gran cantidad frente a los escasos del sapiens. ¿Estos receptores les permitirían conocer cuando estaban receptivas las hembras para la copulación?

La edad puede calcularse por los dientes y huesos; y de aquí se desprende que los neandertales crecían a un ritmo algo diferente del *Homo sapiens*. Los dientes son registros protofósiles que al ser esencialmente minerales sobreviven a la destrucción del hueso y marcan el tiempo, porque marcan cada día de crecimiento, algo así como los anillos de los troncos de los árboles, unas líneas denominadas periquimatias. Unas líneas que han servido para descubrir que en los niños neandertales el ritmo de formación era por término medio un día más rápido, por lo que crecerían antes que los niños sapiens. También es bastante probable que los niños fueran la categoría social más numerosa en el grupo neandertal. Sus bebés eran más fuertes que los de los sapiens al nacer y la actividad intensa de los mismos endurecía sus cuerpos. Así los fósiles neandertales de niños indican que podían tener piernas bien formadas incluso antes de los 10 años y brazos tan musculosos como los de un adulto en la adolescencia por lo tanto se formaban mucho antes que los niños sapiens. Parece que ayudaban a las mujeres en esta etapa de la niñez en vez de a los hombres.

Cada día la ciencia descubre más cosas sobre los humanos neandertales y algunas de ellas los ven como seres con pensamientos y sentimientos tan humanos como los de los sapiens otras parecen más chocantes. Se presume que tenían alguna religión ya que enterraban a sus muertos situándolos en posición fetal. Conocían el fuego y cocinaban tanto animales como vegetales. Hablaban y transmitían sus conocimientos oralmente. Su capacidad craneal que les permitía un cerebro mayor que el nuestro, les daba buena inteligencia, formaban parte de sociedades estructuradas y organizadas. Se conoce que dominaban y usaban plantas medicinales como la corteza del sauce, la manzanilla y la aquilea. Laura S. Weyrich y varios autores más escribieron en Nature sobre unos fósiles neandertales estudiados encontrados en la cueva de Sidrón en Asturias (España), sus hallazgos respaldaban la sugerencia de que en la cueva del Sidrón pudo haber un neandertal con un absceso dental automedicándose con corteza de sauce y *Penicillium rubens*. La corteza de sauco contiene ácido salicílico, el analgésico natural que es el ingrediente activo de la aspirina pero lo más sorprendente e importante es que había restos de *Penicillium rubens un hongo* que produce penicilina un antibiótico natural. La penicilina no fue descubierta por los sapiens hasta 1928, en el St. Mary's Hospital de Londres, por Alexander Fleming.

Hoy sabemos que los neandertales eran buenos artesanos y que conocían las herramientas adecuadas para el trabajo en el mismo. Usaban herramientas de piedra bien talladas útiles para los destinos a los que estaban destinadas. Los neandertales fueron artesanos hábiles que utilizaron una tecnología propia para preparar herramientas con toda clase de rocas, desde las durísimas piedras volcánicas hasta pequeños guijarros, pero donde había buena piedra podían fabricar lascas de gran tamaño y puntas de hasta 15 cm de largo. Las excavaciones de Schöningen desde 1995, conocido como Horizonte de las Lanzas, encontró numerosas piezas de lanzas rotas de madera. Estas lanzas desmontaron definitivamente las antiguas ideas sobre la capacidad de los neandertales para el tallado de madera, se trata de lanzas trabajadas en pícea o pino. Diseñadas para su efectividad tienen las puntas en la parte más dura, el extremo del tocón, como las jabalinas y con los mangos tallados para incrementar su potencia. Muy probablemente podrían ser lanzadas a largas distancias de hasta 30 m. también tenían lanzas largas que les posibilitaban cazar a las presas sin que estas pudieran atacarlos.

Cuenta Rebecca Wragg Sykes en su libro *"Neandertales"* que el hallazgo más extraordinario encontrado hasta ahora, es una herramienta grande con forma de cuchillo de carnicero, hoja plana con mango; que podría encontrase en cualquier cocina actual. También emplearon sustancias adhesivas para enmangar lo que los sitúa en una dimensión muy elevada para su época. Posiblemente descubrieron en sus hogueras las gotas de alquitrán que se forman fortuitamente al quemar ciertas maderas, pero para conseguir alquitrán en grandes cantidades necesitaron controlar no sólo los tipos de maderas necesarias para obtenerlo sino también la temperatura del fuego que se necesita para conseguirlo. Por si lo anterior fuera poco los neandertales intentaron mejorar el alquitrán añadiéndole cera de abejas. Las técnicas refinadas empleadas en la fabricación de sus instrumentos necesitan de una comunicación social.

Según hemos leído hasta aquí los neandertales representaban una forma humana tan compleja como los sapiens. Un sociedad con una cultura propia con arte y una buena tecnología que les permitió adaptarse adecuadamente al territorio que ocupaban y que fueron capaces de colonizar una parte de Asia. La pregunta fundamental entonces es ¿por qué se extinguieron? Nuestros antepasados, muy probablemente, acabaron con las otras especies de *Homo spp* que poblaron la tierra y convivieron con ellos.

Caníbales

Cada vez más antropólogos están asumiendo que los neandertales eran caníbales, por qué cada vez hay más pruebas en los yacimientos, Sidrón y Krapina, de estas prácticas. Cada vez se piensa más que los neandertales mataban a sus vecinos, miembros de tribus rivales, para comerlos. El canibalismo es una práctica muy habitual que aparece cuando se estudian los fósiles. No es algo exclusivo del neandertal ya que aparece en todas las especies de homínidos que han dejado sus fósiles para su estudio incluido el *Homo sapiens*. Pero el canibalismo gastronómico crea una tensión social importantísima entre las tribus vecinas que en nada ayuda a la convivencia, a nadie le agrada que el vecino quiera comerlo bien sazonado.

En los siglos XV y XVI cuando los españoles llegaron a América se encontraron con varios pueblos indios caníbales y era tanta la animadversión entre los caníbales y los canibalizados que estos últimos "ayudaron" a los españoles a vencer a sus enemigos. Escribo ayudaron entre paréntesis por qué en realidad la conquista de América la hicieron los indios con aporte español, las cifras son tan dispares cientos de españoles aliados con cientos de miles de indios que no se entendería sin estas alianzas. En una entrevista en el diario El heraldo el historiador argentino Marcelo Gullo dice que *"la conquista de América la hicieron los indios y la independencia, los españoles. Por más que Hernán Cortés hubiera sido un estratega como Alejandro Magno, Julio César o Napoleón, con 300 hombres, a pesar de sus armas, no podría haber derrotado a un ejército azteca de 200.000 hombres. Cortés llamó a los oprimidos por los aztecas, que con él eso se acabaría, que no se iban a sacrificar a sus hijos y familiares. Cortés se hace acompañar de 200.000 indios oprimidos. La hicieron los indios porque fue su liberación. Pero Cortés hace algo más extraordinario: no permite que aquellos pueblos exterminen a los aztecas como habrían querido.*

Idea que también defiende el escritor español Juan Eslava Galán en una entrevista con el diario ABC[12] donde afirma que *"El propio Hernán Cortés se aprovechó de los conflictos entre las distintas comunidades indígenas para lograr la conquista, aliándose con unos para combatir a otros. No es exagerado decir que la conquista de América la hicieron los indios y la independencia la lograron los hijos de los españoles"*

Puesto que el imperio español no fue una colonización típica sino especial donde los indios eran vasallos del rey y en teoría tenían los mismos derechos que los vasallos de los reinos europeos debería llamarse imperio hispano-latino-filipino. Hispano por español, latino por los distintos virreinatos de América y filipino por las islas Filipinas y el resto de islas del pacifica como Guam o las Marianas. Es prácticamente desconocido que los indios americanos estuvieron en su mayoría en los ejércitos reales apoyando al monarca y en contra de la independencia. Todavía a principios del siglo XVIII, los habitantes de América se sentían tan parte del imperio como los de Europa. En

Cartagena de Indias en Colombia al lado del fuerte español hay una estatua del almirante inglés Edward Vernon con una de las monedas que mandó acuñar sobre su victoria sobre la ciudad de Cartagena de Indias. Sin embargo en realidad, en 1741, Inglaterra vendió la piel del oso antes de cazarlo y perdió la batalla ante el almirante español Blas de Lezo, sus soldados y los habitantes de la ciudad. Los cartageneros apoyaron hasta la muerte a su almirante no al invasor inglés.

El historiador Marcelo Gullo en su libro *"Nada por lo que pedir perdón"* escribe sobre el canibalismo:

"En el momento de la llegada de Hernán Cortés, el emperador Moctezuma recibía tributo de 371 pueblos. Cada seis meses (el calendario azteca constaba de 18 meses de 20 días) los recaudadores pasaban a recoger los impuestos —y los seres humanos— estipulados como pago al emperador. En este sentido, el historiador mexicano Carlos Pereyra escribe:

El sacrificio humano llegó a tener entre los aztecas una frecuencia y una generalidad que abisman. Para que no hubiese falta de víctimas, se instituyó con los pueblos enemigos una costumbre muy singular, la de la Xochiyoayóalt, o Guerra Florida, cuyo objeto era hacer prisioneros y ofrecer su sangre a los dioses. Cada mes tenía sus fiestas y cada fiesta sus víctimas. En un mes mataban muchos niños, llevándolos a las cumbres de los montes, donde les sacaban los corazones y los ofrecían en demanda de lluvias. Los niños iban adornados con plumajes y guirnaldas, y sus sacrificadores los acompañaban tañendo, cantando y bailando. Si los niños lloraban, el regocijo era mayor, porque aquellas lágrimas significaban lluvia. En el segundo mes sacrificaban a los cautivos, quitándoles antes las cabelleras.

Los sacrificios humanos también se realizaban para festejar el comienzo de un nuevo reinado. En tiempos del emperador Axayáctl (1449-1481), sucesor de Moctezuma I y padre de Moctezuma II, se sacrificaron 700 seres humanos. En 1487, Ahítzotl (1440-1502) hizo sacrificar durante 14 días a 16.000 zapotecas, 24.000 tlapanecas, 16.000 huexotzincas y atlixcas y 24.400 tizauhcóacs. Estimado lector: le ruego que se detenga un instante en el caso de los zapotecas: matar a 16.000 personas durante 14 días equivale a asesinar a 1.143 personas por día (48 personas por hora). Los números del horror hablan por sí solos."

Aunque en el México actual muchos mitifican a los antiguos aztecas que era un pueblo de caníbales que tenía sometidos a otros pueblos vecinos que cada año debían pagar un tributo humana de carne para que tras su sacrificio fuera comido por el pueblo azteca. Por tanto es normal que los zapotecas, tlapanecas, huexotzincas, atlixcas, tizauhcóacs y los otros pueblos tributarios odiaran a muerte a los aztecas. Gullo también nos cuenta que el pozole mexicano tiene su origen en un plato azteca que se realizaba con carne humana:

"El arqueólogo Enrique Vela nos habla del Tlacatlaolli, que en náhuatl significa «maíz de hombre», que se comía para honrar a Xipe Tótec, dios de la Primavera, para quien se sacrificaba a un guerrero de alguno de los pueblos vencidos por los aztecas. Después era desollado, desmembrado y cocido a fuego lento en caldo de maíz. El muslo derecho estaba destinado a la persona más importante de la fiesta, esto es, el emperador o el gobernador, mientras que el muslo izquierdo y los dos brazos eran para el guerrero que lo había capturado en batalla. Las costillas las disfrutaban los comensales invitados. Cuando llegaron los españoles, prohibieron el consumo de carne humana, que fue sustituida por la de cerdo, lo que permitió el nacimiento del pozole que los mexicanos consumen a día de hoy. Por el contrario, los

incas combatieron la antropofagia y quisieron erradicarla en sus territorios."

Y no sólo los aztecas eran caníbales, por toda la América precolombina el canibalismo era una constante y cada año miles de personas morían a manos de sus vecinos para ser cocinados y comidos o enterrados vivos como sacrificio a algún dios misericordioso de su panteón. Leemos a Gullo:

También los caribes y los guaraníes consumían carne humana, aunque cocinada de diferente manera; no así los taínos y los siboneyes que poblaban las Antillas mayores; ni los tehuelches, que habitaron las pampas en Argentina; ni los aimaras, que moraban en la meseta del lago Titicaca. Los siboneyes, que habitaban la actual Cuba, de carácter bondadoso, tuvieron que aprender a guerrear para defenderse de la ferocidad de los caribes, que vivían en las Antillas menores, la ribera oriental de Centroamérica y el litoral de América del Sur, desde la región del Darién hasta el delta del Orinoco. De hecho, los caribes fueron una especie de vikingos de las Antillas, «a cuyo mar impusieron su nombre: mar Caribe. […] Eran caníbales y se jactaban de sus víctimas»19. En sus incursiones llegaron hasta Jamaica, La Española y las Bahamas20, y, cuando atacaban un pueblo, mataban sistemáticamente a todos los varones —niños incluidos— y capturaban a las mujeres viudas y solteras para convertirlas en esclavas sexuales.

Todos los indicios apuntan a que los caribes, en su proceso de expansión territorial, llegaron a conquistar la mayor parte del territorio de Colombia."

Como acabamos de ver los sapiens también pueden ser caníbales. Y como vemos por la historia de América el canibalismo crea una potente animadversión y enemistan entre pueblos que se comunican entre ellos. Cuando este canibalismo se produce entre tribus que no interactúan el resultado puede ser muchísimo peor. Las tribus sapiens cercanas a los neandertales sólo podían estar aterrorizadas ante el hecho de saber que en cualquier momento sus violentos vecinos vendrían a cazarlos para comerlos. Probablemente ninguna persona sin importar su sexo o edad pudiera escapar de una incursión de caza neandertal. Todos los miembros de la tribu, niños o viejos, hombres o mujeres eran actos para ser introducidos en la olla, quizás sólo pudieran salvarse las mujeres que estuvieran ovulando sentidas por los hombres neandertales como hembras en estro o en celo.

Neandertales, heterosexuales como dios manda

Todo parece indicar que en su comportamiento social los neandertales eran más parecidos a los chimpancés que a los bonobos o a los sapiens. Existen muy pocos datos para poder afirmar esto de manera categórica pero los datos disponibles dan un indicio que parece inclinar la balanza en esa dirección. Por ejemplo pese a la dificultad de poder decir si eran o no violentos cuando sólo tenemos fósiles aun así varios de los huesos existentes permiten predecir una gran violencia con heridas en la cabeza y con otros tipos de heridas ya curadas que no parecen consecuencia de accidentes.

Los neandertales eran primates con cerebros muy grandes y por ello hay que suponerles eventualmente mucha más inteligencia que a los sapiens. El que conocieran los precursores de los antibióticos y de la aspirina en plena prehistoria podría indicar que por ahí pueden ir los tiros. Sin embargo en su gran cerebro dejaban poco espacio para el córtex frontal lo que indicaría relaciones sociales mucho menos desarrolladas que las de los sapiens. Sus tribus eran pequeñas con machos relacionados genéticamente entre sí que además parecen estar separados de las hembras formando dos grupos. El estudio de los dientes de los niños neandertales parecen indicar que se desarrollaban muy rápido, mucho más rápido que los sapiens, lo que da a entender que dependían sólo de su madre para madurar y crecer y que además llegaban rápidamente a la pubertad. La reproducción también podría ser grupal con uno o varios machos dominantes reproduciéndose más que el resto además los hombres morían jóvenes por lo que es muy asumible que las luchas por el poder también se dieran en sus comunidades y que las diferentes alianzas entre machos forzaran etapas cortas de dominancia que serían sustituidas por otras y que acabarían con la muerte de los defenestrados.

Todos estos pocos datos hacen pensar en una heterosexualidad tipo chimpancé para los neandertales más que una pansexualidad tipo bonobo una bisexualidad tipo sapiens.

II Una posible historia de lo sucedido

Capítulo 5 Sapiens y neandertales compartiendo hábitat

Es completamente imposible saber lo que ocurrió entre los sapiens y neandertales hace más de 40000 años en Europa. Lo único que si sabemos fehacientemente es que los neandertales desaparecieron y los sapiens sobrevivieron y prosperaron. También sabemos que una pequeña parte del ADN de los neandertales sobrevive en nuestra especie y que posiblemente este fue incorporado a través de las mujeres sapiens y no de las mujeres neandertales.

Basándome en la hipótesis de este libro que postula que la extraña sexualidad o bisexualidad heptaseptada de los humanos sapiens nos convertimos en lo que somos desarrollo aquí de forma novelada un minirelato lo que podría haber ocurrido cuando neandertales y sapiens compartieron hábitat en Europa y parte de Asia. Para ello doy por supuesto que los neandertales eran exclusivamente heterosexuales y parecidos socialmente a como son los chimpancés en la actualidad o sea que esa heterosexualidad exclusiva les dirigía a una violencia demoniaca entre los machos que lo dominaba todo. Supongo que si los neandertales hubieran tenido una sexualidad como la nuestra o como la de los bonobos, el final hubiera sido muy diferente al que tuvieron y lo más posible es que hoy todos fuéramos híbridos de neandertales X sapiens o al revés pero la realidad es que no lo somos. Por tanto hemos de asumir que si biológicamente éramos tan similares que podíamos hibridarnos y tener hijos fértiles tuvo que existir alguna barrera social lo suficientemente fuerte que impidió la mezcla normal. Algo tan importante que también evitó la mixtura con todos los demás grupos humanos que habitaron el planeta y coincidieron con nosotros. Algo tan notable que llevo a que todos ellos fueran exterminados por los sapiens sin más. Pienso que está bien claro y bien establecido que los sapiens somos muy poco escrupulosos con respecto al sexo. Cuando los españoles llegaron a América no tuvieron inconveniente en mezclarse con las indígenas y tener hijos. Los ingleses consideraron a los aborígenes australianos como una especie de animales inferiores e inhumanos y sin embargo nacieron niños mulatos, lo mismo que paso con las esclavas negras y sus dueños blancos por toda la América. anglosajona. Y además, al menos en Estados Unidos en 1948, según el informe Kinsey hasta un 8% de los hombres entrevistados reconocieron haber tenido contactos sexuales con animales. Estos encuentros son más fáciles que ocurrieran en el campo donde el contacto con los animales es directo que en la ciudad donde no se trata apenas con ellos. Así de este 8% un 17% de ellos eran habitantes de zonas rurales. Por lo que visto todo lo anterior si los sapiens no tuvieron apenas sexo con los otros humanos que cohabitaron las diferentes partes de la Tierra con ellos tuvo que existir una potentísima barrera social que lo impidiera.

Primer encuentro

Los sapiens habían cruzado el estrecho de Gibraltar y estaban por fin en Europa. Una familia joven caminaba por su nuevo territorio sin intención de alejarse demasiado del grupo. Este era un territorio nuevo e inexplorado para ellos y no sabían los animales que pudieran encontrar. La pareja pasada de la veintena llevaba con ellos a su pequeño de cuatro años que correteaba feliz a su lado. Un conejo de unas pocas semanas de edad surgió entre la maleza y el niño al observarlo corrió tras él. Sus padres se dieron cuenta tarde y lo persiguieron alejándose más de lo que hubieran querido de su propio clan de sapiens. La mujer estaba en su segundo día de ovulación y aunque ni ella ni su pareja lo supieran estaba iniciando sus cinco días fértiles y las feromonas que emitía eran sexualmente embriagadoras para los machos neandertales que pudieran olerlas.

Por allí cerca un grupo de hombres neandertales estaban cazando. Los neandertales vieron al extraño niño correr tras el conejo y lo consideraron una presa fácil de cazar. Era pequeño por lo que tendría poca carne pero sería tierna por lo que muy pronto estaban oteando a su futura presa. Cuando se acercó su madre percibieron el olor de una hembra humana en celo que los encendió sobremanera hasta desconcertarlos de su joven presa. Pronto todo el grupo de hombres neandertales que estaban excitados por la hembra encelada siguieron sigilosamente de cerca al niño y a sus padres y cuando como buenos cazadores vieron una oportunidad lanzaron sus lanzas. El niño murió en el acto sin apenas poder emitir ningún sonido con un par de lanzas clavadas en su pecho. Su padre recibió una lanza que le atravesó el costado e intentó reaccionar cuando otra le atravesó el cuello cortándole la carótida y tras unos rápidos estertores murió. La madre llorando presa del pánico corrió sin tomar ninguna dirección fija, pero de pronto se vio rodeada por varios hombres mucho más bajos que ella, de cuerpos más robustos y teces más claras. Un hombre de unos treinta o treinta y pocos años con la cara marcada de cicatrices y un extraño pelo rojizo la obligó a ponerse en posición de monta y cuando se quiso dar cuenta le estaba introduciendo un blanquecino y enorme pene en su vagina. El hombre la estuvo montando por un tiempo indeterminado hasta que se corrió un par de veces en su interior y luego la dejo. Otro hombre de un aspecto muy parecido al anterior con un mismo pene largo, gordo y blancuzco y con la misma cabellera rojiza pero bastante más bajo y ancho que parecía bastante más joven ocupó el turno del anterior copulando con ella por más tiempo que el anterior. Nadie más en el grupo la toco, la mujer sapiens lloraba desconsolada y aunque les oía hablar no comprendía nada de lo que decían.

Cuando se quiso dar cuenta dos hombres la obligaron a caminar con ellos mientras otros tres llevaban a su hijo y a su hombre muertos atados a palos como si fueran animales.

Si la mujer paraba o sollozaba recibía un tortazo, un tirón de pelos con ganas o un buen palazo por lo que se dirigió tras ellos sin apenas oponer resistencia. Estuvieron andando una hora más o menos hasta que llegaron a unas cuevas que eran parte del campamento. Antes de llegar se oían ruidos de niños jugando, chillando y murmullos de sus madres. Los dos hombres la entregaron a las mujeres que la admitieron entre ellas observándola de manera extraña. Su cuerpo era negruzco en comparación con el tono blanquecino de las otras hembras en general mucho más anchas blancas y pecosas. Unas horas después contempló aterrada angustiada y entre lágrimas como descuartizaban a sus dos seres queridos para prepararlos para cocinarlos para alimentar al grupo. La mujer lloraba desconsoladamente pero otras que la vieron le arrearon unos buenos bofetones y unos buenos tirones de pelo indicándole claramente lo que se esperaba de ella, que contribuyera al trabajo comunitario como las demás hembras sin lloros y aspavientos. Aquel anochecer, ella no probó bocado pero puso observar aterrada como la tribu comía con gran voracidad a los que habían sido los amores de su vida. Lloró desconsolada sin apenas hacer ruido mientras un hombre partía el humero del que había su marido y extraía chupando lo que contenía en su interior. Esa noche volvió a recibir la visita del primer hombre que la había violado, pronto supo que era el jefe de la tribu. Durante los tres días siguientes el hombre la visitó varias veces en el día o en la noche y siempre era lo mismo la ponía en una determinada posición y la montaba sin parar hasta correrse varias veces en su interior, si se resistía de alguna forma era obligada a base de tortazos, tirones de pelo o puñetazos por lo que apenas se resistía. Y cuando él se marchaba aparecía siempre el otro hombre más joven que también copulaba con ella, siempre más tiempo y con mayor agresividad, si cabe, que el anterior. Después de aquel tercer o cuarto día, perdieron el interés en ella ya no la volvieron a tocar pues con el paso de los días fértiles dejo de emitir las feromonas que tanto atraían a los machos y perdieron todo su interés en ella.

Las mujeres la obligaban a trabar con ellas en trabajos que desconocía y que al principio le parecieron extenuantes. Su trato era de todo menos amable, si se entretenía más de la cuenta recibía un castigo siempre desproporcionado que podía ser desde unas buenas tortas, puñetazos o tirones de pelo esas mujeres eran duras y agresivas incluso entre ellas.

Pero al parecer también se preocuparon por ella y le curaron una herida en su pierna derecha que amenazaba con infectársele poniéndole una mezcla que hierbas y hongos que ella desconocía. Ella al ver como progresaba su herida hinchándose y picándole creyó que iba a morir pues había visto a varios en su tribu morir cuando sus lesiones se infectaban pero no le importaba nada morir vivir sin su familia y entre ese grupo era peor que la muerte. Para su desdicha los cortes comenzaron a sanar rápidamente indicándole que el curandero de aquella tribu era mucho mejor que el propio. Los machos siempre se mantenían al margen de las hembras pero vivir entre las otras mujeres no era fácil. Si no hacía lo que se le requería siempre tenía al lado a alguna hembra neandertal dispuesta a darle un buen tortazo, un tirón de pelos, una dolorosa patada o unos buenos palos. Pronto vio que no era un trato diferente del que recibía cualquier hembra o niño que descuidara sus tareas.

Jana, que así se llamaba la chica, siempre soñaba en escapar y volver a su pequeño grupo de sapiens, pero los días iban pasando sin que apareciera ninguna oportunidad. Los hombres neandertales se habían aficionado a la carne humana de los sapiens y Jana vio como varios hombres y mujeres eran traídos como caza a su nueva tribu, siempre recibidos con gran alboroto y alegría como si se tratara de un gran manjar. A los tres meses supo que estaba embarazada del jefe de aquella tribu o del que parecía ser un familiar muy cercano. Y día a día veía cómo iba creciendo su bebe en su interior.

Un día una pareja joven fue pillada copulando por el jefe de la tribu sin su consentimiento y con un arma abastonada los molió a ambos a palos. La chica sangraba profusamente por una herida en la cabeza cuando él termino de apalearla y el joven rebelde parecía tener el cráneo hundido, pero por milagros de la vida ambos sobrevivieron a la golpiza aunque el hombre joven quedaría lisiado de por vida con poca movilidad en una de sus piernas y en uno de sus brazos. Aun sangrando y dolorida la mujer tuvo que aceptar copular con el jefe de la tribu y cuatro o cinco hombres cercanos a él antes de que le limpiaran y curaran las heridas.

Pasados unos meses cuando su barriga ya estaba enorme, una noche el campamento apareció muy agitado, pronto vio como otros hombres con armas se enfrentaban al jefe. Al principio el chico joven que también la había violado intentó ayudarlo, luego al verse superado por la gran multitud y temeroso de su propia vida se apartó. Los hombres armados lucharon con el antiguo jefe hasta que murió a golpes y otro hombre más joven y fuerte se proclamó nuevo jefe. Varias mujeres, niños y algunos hombres, muy pocos, estuvieron con el cadáver del antiguo jefe unas pocas horas. El antiguo jefe fue enterrado sólo unas horas después de su muerte primero le rindieron honor los hombres y luego fueron las mujeres. Se le llevó a una cueva cercana donde al parecer se enterraba a los hombres muertos. El cuerpo se enterró en una zona sedimentaria inclinada hacia el oeste, se le enterró en posición fetal con la cabeza, en dirección al este más alta que la pelvis rodeado de algunas plantas y con algunos enseres que le ayudaran a cazar en el más allá, tapándolo con tierra.

Los meses pasaron, los hombres iban y venían de caza y traían animales para toda la tribu y de vez en cuando a otros hombres, mujeres o niños, neandertales o sapiens, de tribus vecinas. Un día trajeron el cadáver de un chico neandertal. El chico que traían pertenecía a otra tribu posiblemente cercana que había osado entrar solo en sus terrenos de caza. Esa noche lo cenaron asado alrededor de una hoguera.

Un día cuando ya estaba en su noveno mes de embarazo se despertó por una tremenda tormenta de aires huracanados y lluvias torrenciales, ese día entre el revuelo creado en la tribu por la tormenta aprovecho para huir del campamento, anduvo en dirección este; días y días comiendo frutos y raíces y sin apenas parar lo gusto para descansar temerosa de que la siguieran y la obligaran a volver o la mataran y la consumieran bien asada por haber huido. Cuando estuvo segura de que nadie la seguía ya que estaba muy lejos de la tribu neandertal descansó sin apenas fuerzas. Por suerte para ella sólo dos semanas después se reencontró con su grupo original de sapiens. La suerte la había devuelto al grupo del que había salido.

Dos días antes de que decidiera caminar con su marido y su hijo por los parajes desconocidos, hacía ya tantos meses, su suegro y otros hombres habían traído al grupo a un guapo joven sapiens de otro grupo posiblemente cercano que habían encontrado perdido. Su suegro se había prendado de su hermosura y lo había convertido en su amante desde el instante en que lo vio. Ahora, después de tantos meses, cuando volvió a ver al joven no parecía el mismo, ya era un adulto más había crecido una barbaridad, tanto que no parecía ser el mismo chico que había llegado meses antes. Ahora era un hombre guapo que tenía una bonita mirada, con una poblada barba y un cuerpo mucho más adulto y curtido. El joven libre ya de la relación sexual con el otro hombre, la pretendió desde el primer momento, pese a su estado avanzado de embarazo era lo que se entendía justo en su sociedad ya que ahora él era único varón en la familia de su suegro sin una mujer. Y puesto que todos presumían que el niño era hijo de su anterior marido, todo debía quedar en la misma familia. Ella pronto cedió a sus encantos ya que necesitaba un padre para su futuro bebé y como todos entendía que este debía de ser un hombre de la misma familia que su marido anterior. En parte era volver a su parentela política ya que el chico ahora pertenecía a la familia de su suegro y al suegro no le quedaban más hijos varones libres que pudieran aceptarla.

Pronto dio a luz a una niña negrita muy parecida a su primer hijo por lo que supuso que su padre era su esposo muerto. Ya que aunque la niña era mestiza en nada se parecía a los bebes de pelo rojizo y cuerpo blanquecino y pecosos que había visto en las tribus neandertales. La vida en su pequeño grupo era monótona pero a la vez peligrosa y complicada ya que cada vez eran más frecuentes los encuentros con los neandertales y ahora que todos sabían que eran caníbales y ellos podían ser sus presas el miedo era persistente. Ella, al haber vivido en una tribu neandertal por varios meses, era frecuentemente llamada por los viejos que gobernaban su tribu. Los encuentros con los neandertales casi siempre se cobraban algún desaparecido o alguna víctima mortal, ahora todos en la tribu sabían que salvo que fueran mujeres, los desaparecidos muy probablemente acabaran en el estómago de los neandertales. El odio y el miedo hacia esos extraños vecinos se había introducido hasta la medula en cada habitante de aquel pequeño grupo. El último de estos encuentros fortuitos se había traducido en dos hombres dados por muertos y uno moribundo que lleno de múltiples heridas de lanza había llegado hasta su grupo probablemente para morir más tarde o más temprano. También habían desaparecido mujeres y niños y el temor hacia los vecinos que cada vez parecían más demoniacos aumentaba cada día.

Unión

Aquella misma noche se reunió el consejo de ancianos. La preocupación era mayúscula, aquellos hombres bajos y musculosos eran verdaderos diablos, además eran muy poderosos ya que poseían lanzas muy seguras y eficientes que ocasionaban fuertes pérdidas en cada encuentro. ¡Todos les temían! Ya que eran más que conscientes de que cada encuentro con ellos siempre traía muy malas consecuencias.

Jana y su nuevo marido Miguel fueron llamados a la cueva de los ancianos. Allí se le pidió a la mujer que contara todo cuanto sabía de los hombres diablo una vez más. Los hombres diablo era el nombre con él que se empezaba a nombrar a los neandertales. Jana, que era una buena narradora, contó su amarga experiencia en la tribu neandertal y todos la escucharon empáticos y muy preocupados. Hablo de la separación entre machos y hembras con sus hijos. Como la violencia imperaba en todo el ambiente y una vez que finalizó con sus recuerdos entre lágrimas al recordar como su marido e hijo habían acabado en la mesa neandertal. Uno de los ancianos hablo para decir que estaba claro que aquellos hombres no eran como ellos sino que se trataba de hombres infiltrados de diablo. Aquel primer consejo de ancianos había acabado con potentes recomendaciones obligatorias para mantener al grupo lo más alejado posible de los hombres diablo. Se habían tomado cientos de medidas obligatorias para atisbar con el fin de que un encuentro casual con los hombres diablo fuera imposible, o improbable y se estaban tomando medidas para buscar las cavernas más lejanas y escondidas posibles. Aquel pequeño grupo de sapiens era consciente de que ellos eran los que más tenían que perder en sus encuentros con los neandertales.

El tiempo fue pasando y las medidas de evitación de los neandertales estaban funcionando. Jana volvía a estar embarazada esta vez de su nuevo marido y la vida aunque dura parecía buena. El suegro de Jana volvía a tener a un nuevo jovenzuelo como amante. El chico sapiens de alguna otra tribu estaba verdaderamente escuálido cuando lo trajeron y lucía enormes cicatrices por todo el cuerpo como consecuencia de su encuentro, no letal, con los neandertales de los que había logrado huir vivo. Su suegra le contó además que era el único superviviente de un encuentro con los hombres diablo. Todos los demás hombres habían muerto a mano de los neandertales, sólo él había podido huir y esconderse. Perdido había sobrevivido a base de comer pequeñas bayas silvestres y estuvo perdido por meses hasta que lo encontraron los hombres del grupo.

Una semana de mayo se acercaron al grupo tres hombres. Uno de ellos era Marcial un chico que se había perdido hacía años y al que su familia daba por muerto a manos neandertales o por hambre y frío, los otros dos eran sapiens totalmente desconocidos. Aunque los tres hombres fueron recibidos con cautela, cuando Marcial se reencontró con sus padres y su familia se vivió un encuentro eufórico. Tras un tiempo, que para los otros dos hombres extraños debió de ser eterno, Marcial pidió que los tres recién llegados pudieran reunirse con el consejo de ancianos.

El consejo de ancianos decidió reunirse la noche del día siguiente y mientras tanto los tres hombres fueron invitados del grupo y podían moverse libremente por él bajo la supervisión de la familia de Marcial. Ahora ya todos sabían que Marcial había sobrevivido al ser recogido por otros hombres sapiens uno de los cuales era ahora el jefe de su nueva familia. Contó también a sus padres que eran abuelos de tres traviesos chicos.

La noche que se reunió el consejo de ancianos todos estaban expectantes. No era muy frecuente que otro consejo de ancianos mandara una embajada, en toda la vida de Jana era la primera vez que pasaba. Cuando recibió el permiso Marcial habló como miembro y representante en parte común a ambos grupos para introducir a uno de sus compañeros que trasmitiría las palabras del consejo de ancianos de la tribu vecina. En definitiva, y después de contar sus múltiples contactos con los temidos neandertales, el consejo de ancianos del grupo vecino proponía una reunión de varios consejos de ancianos de sapiens para determinar una acción común y conjunta contra los hombres diablos. El narrador contaba como su consejo de ancianos harto de las hazañas de los neandertales habían mandado embajadas a todos los grupos sapiens cercanos de los que tenían conocimiento para intentar una iniciativa común contra los hombres diablos.

Todos los pequeños clanes de sapiens estaban sufriendo tremendamente con las cada vez más frecuentes incursiones de los neandertales, hombres, mujeres y niños desaparecían cada vez con más frecuencia y todos se temían que la mayoría de ellos acabarían en el estomago de los neandertales después de ser destripados y cocidos o asados como una pieza de caz más. Además del hecho de que los caídos en el combate fueran directamente a las ollas no les hacía ninguna gracia los que como Jana habían vivido con ellos por un tiempo los dibujaban violentos y muy diferentes a ellos y sus costumbres. Por si fuera poco todos los neandertales tenían unas armas tan sofisticadas, mucho más que las propias, que eran terribles además de ser guerreros forzudos y tremendamente efectivos súper adaptados al clima frio de la zona. Muchos de los pequeños clanes de sapiens ya habían sido diezmados y el terror que imperaba en ellos era descomunal.

La reunión de los tres consejos de ancianos duró toda una semana. Las propuestas iban y venían sin lograr un triunfo definitivo hasta que se impuso la propuesta que en un principio parecía más imposible. A partir de ese momento todos los clanes iban a unirse en una tribu única hasta acabar con los hombres diablo para luego después separarse de nuevo. Se buscó que conjunto de cuevas eran las más seguras y protegidas para que todos los sapiens del acuerdo fueran hasta ellas. Y se concluyó que las cuevas del clan de Jana eran las más seguras y las más fácilmente defendibles. También peso en la decisión que este era el grupo que menos había sufrido los ataques neandertales.

Primeras batallas

De la unión de los pequeños grupos había resultado una tribu de una población de unos 150 ó 200 miembros. Tantos sapiens juntos eran una novedad y adaptarse al principio había generado problemas pero estas contrariedades se llevaban ya que todos sabían que era el precio a pagar para estar protegidos de los neandertales u hombres diablo como ahora los llamaban en toda la tribu.

Los encuentros con los neandertales se hacían cada vez más frecuentes y el hecho de ser un grupo muy numeroso no suponía que no hubiera constantes pérdidas de cazadores, pero al menos ahora había muertes en ambos bandos. Cualquier hombre que caía herido en el campo de encuentro si no se podía recuperar rápidamente era dejado al cuidado de los enemigos neandertales y dado por muerto. Los neandertales eran resistentes y listos y en muchas ocasiones les sorprendían con tácticas bélicas desconocidas y con emboscadas inesperadas. Entre los hombres sapiens existía la sensación de que los hombres diablo eran prácticamente invencibles pero muchas veces las constantes luchas entre los propios hombres neandertales entre ellos les pasaban factura. Pero aun así parecían invencibles, un hombre neandertal al que habían alcanzado con varias flechas y una lanza, se había recuperado para volver a seguir luchando contra ellos meses más tarde con mayor ferocidad si cabe. Por suerte para la tribu de los sapiens los neandertales en vez de hacer pactos con las tribus vecinas neandertales, si coincidían con otros neandertales les enfrentaban cara como si no tuvieran suficiente con guerrear con los sapiens.

Jana y Miguel prosperaban en la tribu y Helena su pequeña mestiza pese a bajura y sus facciones un tanto infrecuentes no llamaba demasiado la atención y muy pocos en la tribu la suponían hija de un hombre diablo y más aún cuando era una niña bastante dócil y buena. Jana, que intuía y sabía que la niña era mestiza, había estado preocupada por lo que había pasado con el hijo mestizo de otra joven. La otra joven de la tribu había dado a luz un bebe mestizo, como su niña, pero el niño de la otra mujer había nacido blanquecino y con un hermoso pelo rojizo. Esa misma noche se había reunido el consejo de ancianos, que ahora se representaba por los consejos de los tres grupos unidos, y había decidido que el bebe debería ser sacrificado por ser medio diablo.

Las mujeres sapiens ya sabían que sólo las más jóvenes interesaban sexualmente a los neandertales y sólo durante unos pocos días al mes, pero también los creían muy fértiles ya que sabían que si por cualquier circunstancia tenían sexo con ellos era muy probable que quedaran embarazadas y tuvieran a sus mestizos. Las mujeres se ayudaban entre ellas para que estos mestizos no fueran sacrificados y pudieran criarse en la tribu como un niño sapiens más y casi siempre lo lograban.

Los neandertales cada vez sufrían más perdidas en sus frecuentes escaramuzas con los hombres sapiens que eran muy superiores en número pero puesto que eran de la zona y estaban perfectamente adaptados al clima y las condiciones del entorno resistían bastante bien. Además el hecho de contar con los hongos que ayudaban a curar las heridas hacía que su sobrevivencia fura mucho mayor a la de los sapiens.

Tanto para los neandertales como para los sapiens estas batallas entre las dos tribus sólo podían acabar con la desaparición definitiva de uno de ellos sobre la faz de la tierra. Los accidentes de caza y los encuentros fortuitos con los neandertales hacían que los hombres de la tribu humana fueran disminuyendo progresiva y alarmantemente. Además los jóvenes varones neandertales maduraban y asumían la edad adulta mucho antes que los sapiens y se incorporaban muchísimo antes al grupo de los hombres y a la lucha y a la caza. Las mujeres sapiens jóvenes tenían que tener un cuidado especial ya que si eran raptadas por los neandertales las integrarían en su tribu donde la vida no era nada sencilla para una mujer sapiens era tan dura y el ambiente tan violento que muchas preferían la muerte. Aunque en un principio los niños mestizos habían estado condenados a la muerte nada más nacer, el hecho de que las poblaciones sufrían de un enorme estrés con disminuciones constantes y el comadreo de las mujeres había permitido que fueran aceptados como unos sapiens más. La tribu no se podía permitir más bajas de las que ya tenía, además por alguna razón que ellos desconocían esos niños mestizos morían menos que los otros niños y se convertían en buenos guerreros sapiens.

Ambas tribus se mantenían en un raro estatus quo con pérdidas en ambos bandos sin que ninguno ganara y se pudiera imponer al otro. Así permanecieron por varios años haciéndose daño entre ambas sin que ninguna avanzara lo suficiente para vencer a la otra.

Un salto adelante

La tribu de los sapiens no estaba contenta con su suerte, el estrés que suponía ser vecina de la tribu neandertal era cada vez más insufrible. Ya se habían acostumbrado a perder población en sus encuentros con los neandertales y a infligirles pequeñas bajas también pero la situación no podía mantenerse eternamente así eternamente. Una chica joven sapiens de una tribu vecina había sido rescatada recientemente de las garras neandertales y toda la tribu rápidamente supo que había por allí cerca otra tribu de sapiens que ellos desconocían. Una nueva tribu con la que se podrían aliar para acabar de una vez y para siempre con los hombres demonio. La tribu en cuestión estaba también resguardada que era casi ilocalizable, esto hacía que tuviera muchos más miembros que la de ellos. Entre ambas tribus pronto se establecieron relaciones y con el tiempo acabaron fusionándose, momentáneamente, con el fin de acabar con los neandertales. Cuando finalmente estas tribus estuvieron unidas, la tribu neandertal empezó a estar en una enorme desventaja que muy pronto quedó patente ante los jefes sapiens. Se inició entonces una guerra, sin declaración y sin cuartel, contra los neandertales que poco a poco fue acabando con todos ellos. Ni siquiera las mujeres y los niños fueron perdonados. El hecho de que las mujeres de cualquier edad y los niños fueran tan violentos hacía imposible cualquier convivencia además las mujeres nunca aceptaran relaciones sexuales constantes con los sapiens, lo que era un hándicap para su eliminación. Al parecer las mujeres neandertales además de ser diferentes solo eran receptivas unos días al mes y una vez que quedaban embarazadas se desentendían totalmente de los hombres para dedicarse totalmente a sus niños hasta que estuvieran preparadas para volver a quedar embarazadas.

Si algún hombre sapiens se hacía con una de esas extrañas mujeres de pieles blanquecinas, ojos grandes y claros y cabellos rojizos estas temían sus infinitos intentos sexuales y rehuían de cualquier contacto con aquellos salvajes que sólo estaban interesados en el sexo y en cuanto podían hacían lo mismo que las mujeres sapiens presas de los neandertales, huían. Los hombres que habían intentado convivir con ellas habían acabado renunciando después de los golpes y muerdos que estas les propinaban si intentaban tocarlas.

Con el tiempo la tribu neandertal estaba practicante diezmada al contacto con la nueva tribu sapiens pero a pesar de que sabían de otras tribus neandertales más o menos próximas a la suya nunca intentaron contactar para establecer una colaboración que les permitiera luchar contra los sapiens. Y esta extraña independencia fue su sentencia de muerte ya que en apenas cuatro o cinco años habían desaparecido por completo.

Una vez desaparecidos los neandertales la tribu sapiens siguió progresando. Aunque en su nacimiento se había hablado de la separación de los diferentes grupos una vez desaparecidos los hombres diablo, esta división nunca se llevó a cabo, la protección del grupo más grande y las ventajas frente a la caza eran tan evidentes frente a lo que tenían anteriormente que nadie intentó nunca volver a lo de antaño. Además los nuevos miembros nacidos y criados en el conjunto se consideran miembros de la tribu común no de los clanes anteriores.

Pronto el número de hombres, mujeres y niños de la tribu empezó a aumentar y en pocos años la población se había casi duplicado, aunque al principio el territorio que habían arrebatado a los neandertales era suficiente con el tiempo el exceso de individuos hizo que los recursos escasearan. El agua y la comida ya no eran suficientes para toda la tribu por lo que cada vez fue más evidente que la tribu se tendría que dividir y una parte de ellos deberían seguir el riachuelo que los alimentaba de agua hasta encontrar otro lugar en el que pudieran asentarse y formar una nueva población.

La dispersión hacia el norte se realizó entonces con una parte de la tribu avanzando hacía un nuevo hogar que les permitiera sobrevivir dejando un grupúsculo tras de sí. Cuando llegaron al lugar ideal para su nuevo asentamiento pronto vieron que ya había allí un grupo de neandertales. Y aunque al principio se asentaron en un lugar alejado en pocas décadas volverían a asociarse con otros sapiens hasta acabar con los neandertales con los que competían por el espacio y la caza.

Poco a poco los sapiens con su capacidad de colaboración sin precedentes en ningún otro grupo de humanos se fueron extendiendo por toda Europa y en su extensión fueron exterminando a los neandertales que habían evolucionado allí. Así los sapiens con su capacidad de colaborar entre ellos podían hacer frente a cualquier contingencia, los neandertales incapaces de establecer esa colaboración con otros neandertales estaban condenados a la extinción. La unión hace la fuerza y los sapiens que ahora lo sabían lo utilizaban sin pudor.

.

III Un futuro complicado

Capítulo 6 Hacía la séptima extinción ó hacia el espacio

Las hormigas argentinas emigradas a Australia, España o Estados Unidos son capaces de dominar rápidamente a las otras especies nativas porque han perdido la capaz de reconocerse como diferentes y son una única colonia que colabora entre si y arrasar con lo que pilla por delante. Esta falta de violencia extrema entre hormigueros les permite construir naciones de hormigas que se convierten en un enemigo invencible. Pienso que con los sapiens ocurrió algo similar. Hace 120.000-100.000 años cuando apareció el *Homo sapiens* en África ya apareció con una sexualidad diferente a la del resto de los humanos, había nacido una especie con una sexualidad extraña y exclusiva. Esta bisexualidad heptaseptada, que dividía a los individuos en siete grupos sexuales diferentes, que permitió que la violencia intrínseca de todos los machos de los grandes simios y de las especies humanas en general se mitigara y redujera en los sapiens. La bisexualidad había moderado los instintos más exabruptos de los machos sapiens permitiendo que la violencia masculina se redujera hasta permitir la colaboración con otros machos, imposible en otras especies humanas, creando poblaciones cooperativas de distintos clanes unidos en una única nación, de otra manera sí, pero como las hormigas argentinas.

La peculiar sexualidad de nuestra especie sapiens nos ha convertido en una especie de plaga para el planeta entero sin dejar ninguna región libre de nuestro poderoso influjo y arrollador influjo grupal. Es sabido que la unión hace la fuerza y desde que apareció el *Homo sapiens* siempre fue un grupo preparado por la evolución para la cooperación entre sí. Creo que debemos todo o parte importante de lo que somos, lo bueno y lo malo, a nuestra extraña sexualidad, una bisexualidad heptaseptada, que nos confiere cualidades sociales diferentes a las de cualquier otro animal primate o no. Nuestra especie humana de sapiens, que muy posiblemente fue menos inteligente de lo que lo fue el neandertal, ha podido eliminar a todos sus competidores y acabar con ellos.

Hemos ocupado todos los rincones del planeta, hemos destruido a todas las otras especies humanas diferentes a la nuestra y finalmente hemos convertido a toda la naturaleza en nuestra esclava y nuestra rehén. Somos como hormigas argentinas pero mucho más inteligentes, potentes y peligrosos. Humanos que han aprendido a trabajar en grupo produciendo resultados espectaculares. Cada nuevo invento, cada paso adelante no parte de algo nuevo o inicial sino del conocimiento acumulado de los millones de sapiens en su historia de miles de años. Además por si fuera poco cada nuevo saber, cada nuevo invento trae aparejado un muy posible nuevo descubrimiento futuro basado en él o en los conocimientos que generó, ya que cada nueva invención se nutre de la sabiduría de las generaciones anteriores.

La historia de Europa nos demuestra que la capacidad de grupalización del sapiens es prácticamente infinita. Allí donde haya dos grupos sapiens por muy enemigos que sean o hayan sido se pueden grupalizar en un futuro sólo hay que buscar un mínimo denominador común y si no existe inventarlo. Los franceses y alemanes estuvieron luchando ininterrumpidamente entre ellos durante siglos del mismo modo que los ingleses y los españoles. Sin embargo llegado el momento pudieron grupalizarse en un mismo grupo denominado Unión Europea y se convirtieron en amigos trabajando por un bien común. Hoy casi todas las personas de los países de Europa desean, salvo algunas en el Reino Unido, formar parte de esa unión. Si mañana la Unión Europea decidiera llamarse Democracias Unidas para integrar a todos los países de América, salvo posiblemente los Estados Unidos, tarde o temprano se consolidarían como un nuevo grupo homogéneo y si funcionará bien Australia, Nueva Zelanda y alguno más en Oceanía, muchos países africanos y algunas de las democracias asiáticas llamarían a sus puertas. Viendo la Unión Europea, países que durante cientos de años fueron enemigos acérrimos y se mataron por cientos miles o millones entre ellos, de repente decidieron colaborar entre si y constituirse en una nueva nación consecuencia de su unión y cooperar al máximo entre ellos. Con este ejemplo queda muy claro que la capacidad de grupalizarse de los sapiens es prodigiosa y también peligrosa por lo que implica para el resto de los seres vivos y el planeta.

Elizabeth Kolbert cuenta en un libro como estamos llevando al mundo a su sexta extinción. Todos somos conscientes de que los sapiens somos los responsables de la extinción de cientos de hábitats y de numerosas especies de animales y plantas y no contentos con ello seguimos atormentando a todos los ecosistemas que tienen la mala suerte de toparse con nosotros. Ya no queda ningún hábitat de la tierra libre de la influencia humana y el hecho de que la población humana este desbordada con miles de millones de sapiens viviendo en el mundo hace que no haya prácticamente ningún ecosistema, ni en el Ártico, que no cuente con presencia humana de algún tipo y que por tanto se sienta afectado por la nuestra especie.

La situación en el mundo ha empeorado de una forma alarmante, los sapiens hemos progresado tanto que nuestra capacidad de dañar al planeta y a nuestra propia especie con él se está convirtiendo en el camino directo a seguir hacía el exterminio de la última especie humana que queda llevándose consigo a miles de especies más. Por si fuera poco los populismos anti ecología, como el de Trump en USA, Viktor Orbán en Hungría, Jair Bolsonaro en Brasil, Alexander Gauland y Alice Weidel en Alemania, Le Pen en Francia, Abascal en España, Mateusz Morawiecki en Polonia y Giorgia Meloni en Italia, se están apoderando de todos los países importantes del planeta y la economía de unos pocos ultra ricos, la religión y el sexo exclusivamente procreativo son más importantes que la enfermedad del planeta en donde vivimos todos. Cuando fallezca el Amazonas ya no habrá vuelta atrás y los cambios efectuados al planeta, sin su consentimiento, serán posiblemente irreversibles. Estos cambios además solo pueden comportar una nueva gran extinción, una extinción terrestre en la que el propio hombre se tire un tiro en medio del pecho para acabar muriendo lentamente hasta darse por muerto y extinto. ¡Luego de muertos, de que les servirá a los populistas el dinero!

La séptima extinción, más peligrosa que la sexta, se viene a pasos agigantados y si esperamos más tiempo para pararla, ya será demasiado tarde. El mundo tal como lo conocemos morirá para siempre sin contemplaciones. Todavía estamos a tiempo de frenar la autodestrucción total y completa de nuestra especie actuando en bloque como nunca en la destrucción del planeta azul. Sólo si nos aceptamos tal como somos y luchamos unidos el planeta, puede que se resienta por lo que hasta ahora le hemos hecho, no nos matará y podremos seguir adelante. Y seguramente nos permitirá vivir en él hasta que logremos un equilibrio biológico con él y todos los otros seres vivos y si por casualidad lo conseguimos estaremos a solo un paso de salir de la Tierra y colonizar otros mundos.

Aunque nuestra especie, los sapiens, llego a donde llego por nuestra capacidad de grupalización está capacidad siempre tuvo un coste demasiado alto para el planeta, los otros seres vivos y sus ecosistemas. De seguir por el mismo camino podemos ser los productores de una nueva mega extinción que acabara también con nuestra propia especie. Estamos todavía produciendo los últimos capítulos de la sexta extinción y ya estamos en camino de la séptima extinción. La séptima extinción si finalmente se completa y tiene lugar como mínimo se acercará a la tercera extinción, pudiendo ser la definitiva para la especie humana del sapiens e incluso para la vida en la Tierra. La tercera extinción, entre el Pérmico y el Triásico, ocurrida hace 250 millones de años fue un verdadero holocausto para el planeta ya que se estima que en ella desaparecieron el 92 % de todas las especies que lo poblaban.

Sexta extinción

Todos los sapiens sabemos que estamos en lo alto de la cadena o las cadenas de poder de la naturaleza lo que nos hace prepotentes. Además, nuestra cultura judeocristiana y grecolatina nos ha creado una conciencia antropocentrista que fija a los sapiens a la altura de dioses, donde nos vemos como los dueños del mambo y al resto de seres vivos como nuestros esclavos. Así tratamos y vemos al resto de los animales, las plantas, las bacterias y a toda la naturaleza en general como a seres y organismos de tercera muy inferiores a nosotros y nos importa poco cual pueda ser su destino. Está idea antropocentrista del sapiens nos coloca siempre en el vértice superior de la cadena como si nosotros fuéramos más importantes para la vida del mismo planeta que cualquier otro ser vivo. Pero no es verdad, la extinción de plantas o de insectos polinizadores posiblemente tendría siempre un mayor impacto en algunas partes del planeta que la supresión de todos los cientos de millones de sapiens.

La quinta extinción ocurrida hace 65 millones de años, entre el periodo Cretácico y el Terciario, es la más famosa de todas ya que fue la que causó la extinción de los dinosaurios.

Ocurrió por causas naturales cuando un meteorito chocó con la tierra a la altura del golfo de México, los cambios que se sucedieron en el clima del planeta ocasionaron la extinción de los dinosaurios, grandes cantidades de especies de plantas, de pequeños animales terrestres y de una gran cantidad de indeterminada de especies marinas. Se estima que desaparecieron aproximadamente un 76% de las especies que habitaban la Tierra en ese momento. Aunque la quinta extinción sea la más famosa no ha sido la más catastrófica ni la única, tiene cuatro por delante. Todas estas extinciones coinciden en que han sido debidas a catástrofes naturales. La primera ocurrida hace unos 444 millones de años se llevó al 86 % de las especies marinas y aconteció durante la transición del Ordovícico al Silúrico. La segunda devenida en la transición en el Devónico, hace unos 375 millones de años, acabo con el 75 % de las especies. La tercera que ocurrió al final del Pérmico hace unos 251 millones de años fue la más severa de las cinco y en ella desaparecieron el 96 % de las especies del planeta. La cuarta extinción acaecida al final del Triásico, hace unos 200 millones de años se cree que mató al 80 % de las especies de la Tierra. Por tanto la Tierra está acostumbrada a sufrir catástrofes que se llevan por delante a millones de seres vivos pero tras esas hecatombes se recupera y sigue adelante como si nada hubiera pasado, ese es el gran poder de nuestro planeta generador y hábitat de vida.

Si todas las anteriores extinciones anteriores se debieron a fenómenos naturales la sexta está siendo causada por la actividad de los sapiens sobre el planeta tierra. Cuando la evolución le dio a los humanos sapiens nacidos en África una sexualidad diferente que les permitió grupalizarse de una forma cuasi imposible en ninguna otra especie humana o no humana clavó un puñal al planeta. El sapiens se extendió arrasando con un sinfín de especies que se le pusieron por delante en su camino, y algunas de ellas se enfrentaron a la dura extinción; de la misma manera que acabó con todos los otros grupos humanos que cohabitaron con él y fueron exterminados de todo el planeta.

Por tanto la sexta extinción se inició al final del Pleistoceno, hace unos 100 mil años, cuando los humanos empezaron a migrar de África hacia otros continentes. La sexta extinción en sus inicios compagino el efecto de los sapiens con los diferentes efectos climáticos naturales que ocurrieron en esos momentos como las importantes glaciaciones seguidas de periodos semicalidos. Juntos clima y *Homo sapiens* consiguieron provocar una nueva extinción en el planeta Tierra. Se estima que la llegada del sapiens a Oceanía acarreó la desaparición del 71% de los vertebrados de aquella región del planeta. Lo mismo ocurrió a la llegada de nuestra especie al continente americano donde se considera que las especies desaparecidas podrían haber sido del 78%. A cualquier lugar que el sapiens llegaba arrasaba con un sinfín de especies. Por tanto las extinciones ya no eran sólo debidas a causas naturales por primera vez la causa era sobre todo antropogénica causada por la acción de los sapiens.

Imagínenos que un grupo de extraterrestres situados en una base en la Luna nos observaran, las conclusiones a las que llegarían sobre nosotros dependerían de cuando y como empezaron a observarnos. Si la observación fuera reciente pensarían que somos los dioses de la tierra pero que nuestra irresponsabilidad está acabando con ella y con miles de especies. Pero si esa observación se hubiera realizado hace 75.000 años, la conclusión no hubiera sido ni parecida, no hubiera podido ser más diferente ya que en ese momento los sapiens eran prácticamente un animal más de los que poblaban la tierra y ni siquiera era el único humano del planeta o el más inteligente.

Hemos avanzado un largo camino para llegar a donde estamos, y este camino sólo ha sido posible porque podemos unirnos y cooperar entre nosotros. Desde que salimos de África no hay especie que no esté amenazada por nuestra especie, ni hábitat natural que pueda permanecer intacto ante nuestras continuas necesidades de terrenos. A medida que el sapiens ha ido evolucionando hacía un mayor dominio de todos los rincones del planeta, su avance ha estado plagado siempre de extinciones masivas de diferentes especies de animales, microorganismos y plantas. Quizás nunca como ahora el hombre ha presionado a un conjunto tan elevado de especies en tantos sitios diferentes hasta el mismo borde de la extinción como si de verdad creyera que puede vivir sólo en el planeta. La pérdida de biodiversidad es cada vez más desmedida y se calcula que no pasa un año de nuestras vidas sin que pongamos en un serio aprieto a alguna de las miles de especies que conviven con nosotros. La sobrepesca de los mares está poniendo en un riesgo sin precedentes la vida marina, el egoísmo de unos pocos está acabando con las últimas selvas tropicales y millones de seres vivos desaparecerán para siempre sin ni siquiera haberlos catalogado o conocido. Los sapiens somos los principales responsables de la sexta extinción y la descomunal y desmesurada perdida de especies y de hábitats que ella conlleva. Y lo peor de todo es que da la sensación de que mientras el sapiens viva y campe a sus anchas sobre el planeta la sexta extinción estará activa y presente en todos y en cada uno de los distintos puntos del planeta. La sexta extinción nació con los sapiens y si seguimos así sólo morirá cuando desaparezcan los sapiens de la Tierra.

¿Se puede comparar la sexta extinción con las extinciones anteriores? Evidentemente todavía no, pero vamos a buen ritmo intentando igualarlas o incluso superarlas, todavía los sapiens no han entendido la importancia de usar nuestros cerebros, en red, no sólo para crecer sin ton ni son sino para creer conservando respetando a las demás especies y hábitats. Hasta ahora sólo somos como hormigas argentinas que por allí por donde pasan arrasan con todo lo que pillan como si no hubiera un mañana.

Mientras escribo esto, es seguro que alguna especie más está siendo llevaba al límite de su existencia, seguro que estarán ardiendo en algún lugar miles o millones de hectáreas de terreno que destruirán millones de seres vivos algunos únicos para que unos pocos millonarios puedan tener más millones en sus bancos vendiendo unos trozos de carne roja barata que no necesitamos y seguro que miles de peces pescados en una red están siendo arrojados de nuevo al mar si pero ya muertos porque no tienen ningún valor comercial, somos el peor depredador que ha producido el planeta en toda su larga historia, ni el terrible *Tyrannosaurus rex* nos puede hacer competencia. No hay especie en el planeta por minúscula e irrisoria que sea que no esté amenazada de muerte por los terribles *Homo sapiens* que hoy dominan la tierra.

La sexta extinción es cada día más monstruosa y desmedida, si el hombre de las cavernas solo podía acabar con unas pocas de especies y de hábitats, nuestro potencial queda multiplicado por cientos de veces y en cientos de lugares diferentes a la vez y continúa día a día y en el futuro será peor por qué nuestros descendientes heredaran nuestros logros científicos sobre los que construirán otros que ni siquiera podemos imaginar. ¿Cuándo aprenderán los sapiens a usar el cerebro? ¿Cuándo dejaran de pensar única y exclusivamente en sí mismos? ¿Cuándo?

Sin tiempo para evolucionar

La hipótesis Gaia fue propuesta por James Lovelock en 1969. Lleva el nombre de Gaia, nuestro planeta, en honor a la diosa griega que da nombre a la Tierra. Según esta teoría la Tierra, se comporta como un superorganismo, es como si el planeta mismo fuera un ser vivo. Se trataría de ver a nuestro planeta algo así como un organismo vivo, un sistema altamente organizado y autorregulado en sus diferentes parámetros: la temperatura, la salinidad de los océanos, la composición de la atmósfera y los propios organismos que forman la Biosfera. Según esta hipótesis en el superorganismo de Gaia existen diferentes sistemas que permiten esta autorregulación de manera que las condiciones para la vida se mantienen en unos márgenes muy constantes.

En resumen lo que propone la hipótesis Gaia viene a ser que una vez que fue posible la vida en nuestro planeta y esta conquistó a Gaia, luego ya ha sido la propia vida la que ha ido modificando y adaptando las condiciones del `planeta para que la vida continúe. Y como consecuencia las condiciones actuales de la vida en la Tierra son el desenlace y la conclusión de la vida que actualmente ocupa el planeta. Por lo tanto la vida se adapta a las nuevas condiciones que rigen en cada momento sobre el planeta.

Una de las características fundamentales de la vida sobre la tierra es su capacidad de adaptarse a los diferentes nichos que se van creando en cada etapa del planeta. Los organismos vivos desean vivir, seguir viviendo, por lo que la única posibilidad de hacerlo cuando las condiciones cambian es cambiar con ellas. Esto tiene toda la lógica y todo el sentido del mundo ya que si no lo hicieran así las diferentes especies estarían destinadas a la extinción o lo que es lo mismo su fracaso final y definitivo.

El problema con la sexta extinción que está provocando el sapiens es que no estamos dando tiempo a las especies a que se adapten a los nuevos escenarios que el sapiens está creando. Estos cambios son tan extremadamente rápidos que prácticamente ninguna especie compleja puede adaptarse a ellos y superarlos por lo que en ocasiones se ven abocadas irremediablemente hacía la extinción.

En la Sociedad Linneana de Londres se leyó por primera vez, el 1 de julio de 1858, un resumen de la teoría de evolución de las especies mediada por la selección natural cuyos coautores fueron Charles Darwin y Alfred Russel Wallace, ambos habían llegado a las mismas conclusiones por separado. Pero como suele pasar con todas las ideas de los sapiens la evolución no fue ninguna ocurrencia genial y solitaria de Darwin o Wallace. Más o menos una idea parecida o protoidea llevaba casi un siglo circulando en el ambiente científico mediante lo que se conocía como transmutación de las especies con grandes científicos teorizándola y defendiéndola como Linneo, Lamark y Erasmus Darwin (abuelo de Charles).

La teoría de la evolución explica que los seres vivos no aparecen por generación espontánea o de la nada, sino que tienen un origen en otros organismos vivos anteriores que van cambiando poco a poco mediante el proceso de la sección natural. La selección natural permite que de ancestros comunes surjan dos o más especies distintas. La evolución de las especies mediada por selección natural o presión selectiva que fue descrita por Darwin en su libro "El *Origen de las Especies"* y afecta a todos los organismos del planeta debería llamarse macroevolución. En la macroevolución los cambios por selección son tan sumamente lentos que una especie que se viera presionada difícilmente mediante la macroevolución tendría tiempo para adaptarse rápidamente al nuevo ecosistema y continuar viviendo. Por eso creo que existe otra evolución o microevolución cuyo mecanismo facilitador es el estrés. El organismo siente la presión del estrés y reacciona rápidamente al mismo hasta que se acaba produciendo otra especie diferente más adaptada al nuevo ambiente, siempre que tenga suficiente tiempo, pero no miles o millones de años. Siempre que las condiciones son más o menos estables actúa la lenta macroevolución pero si las condiciones son de estrés o de cambios rápidos la microevolución se impone. Los pinzones de Darwin que llegaron a las islas Galápagos no pudieron esperar a que el lentísimo mecanismo de la selección natural les permitiera evolucionar hasta adaptarse a cada una de las islas. Debieron emplear este otro mecanismo de la microevolución que les permitía una respuesta rápida, en comparación, a las nuevas condiciones de las islas, el estrés del hambre y la posible pérdida de su vida debieron de ser los factores de evolución y no la presión selectiva o la selección natural.

El estrés genera unos efectos muy importantes en las células como las especies reactivas del oxígeno ROS. El oxígeno es elemento vital para todos los seres vivos pero es un elemento químico que en determinadas situaciones genera inevitablemente las ROS. Las ROS son productos altamente reactivos que pueden actuar sobre los ácidos nucleicos y producir mutaciones en la molécula del ADN. Por tanto cuando las cantidades de ROS sobrepasan unos niveles determinados se genera un fenómeno conocido como estrés oxidativo que tiene múltiples efectos sobre las células del cuerpo y también, y sobre todo lo que aquí nos interesa más, sobre las células germinales. Las ROS pueden difundir las membranas celulares y alterar el DNA. El daño oxidativo ocasionado por las ROS al DNA puede ocurrir en dos niveles pero aquí sólo citaremos el que nos interesa, él que ocurre a nivel de las bases púricas, que estimulan la producción de moléculas que no resultan letales para la célula, pero son altamente mutagénicas.

La primera modificación más frecuente es la adición del radical hidroxilo (OH) a la posición C_8 de la guanina, produciendo dos moléculas la 8-hidroxi-2'-deoxiguanosina (8-OHdG) y la 2,6-diamino-4-hidroxi-5-formamido pirimidina (Fapy G). La segunda es la interacción del radical hidroxilo (OH) con las bases pirimidínicas, produciendo 5,6-dihidroxi-5,6-dihidrotimina o timidín glicol. Las tres moléculas son potencialmente mutagénicas debido a que inducen a errores durante la replicación del DNA. Por lo tanto estas moléculas podrían ayudar a explicar los cambios rápidos que se producen en la microevolución ligada al estrés.

Pero incluso la microevolución necesita de un tiempo, es verdad que nunca serán los largos periodos de la macroevolución por selección natural, pero también es verdad que necesita un cierto tiempo. El problema mayor es que los sapiens en su constante avance con cambios cuasi inmediatos en la escala temporal sobre los diferentes hábitats que colonizan, deniegan ese tiempo que necesita la microevolución. Por tanto sin tiempo para cambiar rápidamente a las especies no les queda ninguna salida y acaban agónicamente extinguiéndose y desapareciendo irremediablemente del mundo de los vivos.

La séptima extinción

El verdadero dios de la vida en la tierra y en todo el sistema solar es el sol. Tenía razón Akhenatón en decir que el sol era el dios único sobre el planeta pero no tenía ninguna razón para adorarlo o hacerle templos y ofrendas. Nuestra estrella nació y vive su vida hasta la muerte independientemente de lo que hagan o dejen de hacer los molestos terrícolas. Nuestra estrella está actualmente enviando más energía que nunca al sistema solar debido a la alta actividad de sus manchas solares. Por tanto todos los planetas del sistema solar están recibiendo más energía pero sólo en la tierra los humanos se han empeñado en poner una capa de gases de efecto invernadero que impiden que esta energía salga de nuevo al espacio. Todos sabemos lo que pasa en una cazuela con líquido que ponemos al fuego máximo y la tapamos con una tapa sin dejar salir el vapor, con el tiempo la olla estalla. Más o menos en esto consiste la séptima extinción. Estamos entrando de lleno en la séptima extinción y no hemos salido de la sexta aún ¿Hacía donde nos dirigimos?

Si la sexta extinción está afectando sobre todo a hábitats y especies por nuestras acciones, la séptima extinción será una extinción que afectará a todo el planeta al mismo tiempo y que será más parecida a las cinco extinciones anteriores de la Tierra debidas a causas naturales. Y aunque la gran extinción masiva será causada por un fenómeno que se podría decir natural la base del problema original estará centrada en la actividad humana.

La séptima extinción, la segunda extinción antropogénica en la historia de la Tierra, pudiera ser la extinción más masiva de todas las habidas hasta ahora y amenaza con ser al menos similar en intensidad a la tercera extinción que ocurrió entre el Pérmico y el Triásico, hace unos 250 millones de años y en la que desaparecieron de faz de la Tierra más del 95 % de las especies del planeta.

Vivimos en el Antropoceno o la edad de los humanos, la edad más desastrosa del planeta Tierra. Quizás el nombre de Antropoceno sea indebido y deba ser cambiado porque involucra a todos los humanos por igual y desde luego los neandertales, devonianos y los otros grupos poco tienen que ver con las acciones de los sapiens sobre la superficie del planeta por tanto debería rellamarse Sapienceno, para dejar bien claro que sólo nuestra especie el *Homo sapiens* es la culpable de lo que pasa y no las otras especies humanas desaparecidas. Sólo los sapiens están contribuyendo a la que podría ser la peor extinción en masa del planeta.

Cada siglo de civilización sapiens, pese a sus altibajos, representa un incremento exponencial del saber y del poder humano, y como todas las cosas el saber que contribuye a la civilización tiene su parte buena pero también su parte mala. Cualquier nuevo conocimiento, cualquier nueva invención cualquier nuevo invento se sustenta en los saberes heredados de nuestros antepasados o nuestra civilización por eso siempre avanzamos progresando y cuando dejamos atrás los conocimientos anteriores a nuestra etapa temporal entramos en una edad de penumbra tal y como ocurrió en la edad media cuando el cristianismo creyó que con la fe y sus libros sagrados y su contenido sería suficiente y rechazó el saber clásico anterior.

Ningún investigador, ningún inventor ni ningún descubridor empiezan de cero siempre tienen por detrás el enorme acervo de los conocimientos de las civilizaciones pasadas y presentes. Y a medida que la civilización avanza el acumulo de todos los saberes aumenta con él. Si a esto sumamos que la cantidad de sapiens en la tierra crece sin parar y ya vamos directos a por los 10000 millones de personas que además están cada vez más interconectadas unas con otras a través de internet el potencial sapiens en saber es inmenso e imparable y lo es para bien y para mal. Para bien porque si entre todos lo decidimos usar esa fuerza global nos permitirá terratransformar Marte, La Luna o Venus o cualquier otro planeta, o para mal ya que si seguimos así como hasta ahora, cada uno a su bola, buscando el provecho individual o el de unos pocos muy pronto llevaremos a la Tierra a su Séptima Extinción en la que es casi 100% seguro que podemos desaparecer nosotros como especie y con nosotros más del 90 % de las actuales especies de la Tierra e incluso en las condiciones más extremas podrían desaparecer todas. Hoy, nosotros aún podemos elegir, en unos años nuestros descendientes podrían estar condicionados hacía la extinción sin remedio.

Se podría argüir que estamos en la sexta extinción y no tiene sentido hablar de la séptima o centrase en ella cuando no se han encontrado las herramientas para acabar con la sexta. El problema es que la sexta y la séptima extinción van paralelas coincidiendo en el tiempo, o al menos en parte de él, con lo que eso lleva implícito. Si entre las demás extinciones los años se contaban por milenios entre estas dos de origen sapiens la distancia se contara por decenas o centenas o millares nunca más porque ambas están fuertemente asociadas a la actividad humana de los sapiens.

Si en la sexta extinción el hombre ha ido cercenando hábitat tras hábitat, especie tras especie por sus acciones, en lo que respecta a la séptima extinción la causante final de la misma no será el sapiens sino la reacción del planeta, de Gaia, a las continuas agresiones de nuestra especie. La Tierra en un momento dado responderá a los continuos ataques a los que se ve sometida, los cambios producidos por las acciones humanas y su actividad tendrán su respuesta cuando el sistema no pueda tolerarlos más sin evolucionar. Lo peor de todo es que una vez lleguemos al punto de no retorno la reestructuración se llevará a cabo si o si; independientemente de lo que opinen y quieran los sapiens que habiten la tierra en ese momento.

Pensemos en la tierra como en una olla a presión sin válvula , le podemos dar temperatura hasta un cierto punto porque al final llegará un momento que la presión hará que estalle. El Sol nuestra estrella está enviando energía sin precedentes al planeta, este la absorbe reacciona con más volcanes más seísmos y terremotos para dejar salir esta energía e intenta enviar parte de la sobrante al espacio. Pero cuando lo hace se encuentra con que el hombre ha puesto una tela, los gases de efecto invernadero, que impiden que esa energía se vaya.

Por tanto, la séptima extinción seria consecuencia del aumento de la actividad solar pero también de la acción de los sapiens. Por ejemplo si debido a la cantidad de energía recibida del sol y al efecto invernadero producido por los gases de la actividad humana se produce un calentamiento terrestre suficientemente potente que haga que la tierra tenga que reestructurar sus corrientes de aire, sus corrientes marinas y la tectónica de placas para adaptarse a los cambios está reorganización se hará, si o si, y no importara cuan afectados estén los sapiens que habiten el planeta en ese momento, nunca vendrá ningún dios a rescatarnos, y no importará cuántos millones de hábitats y de especies desaparecen en el proceso el sistema se reequilibrará.

Consecuencias del efecto invernadero: Séptima extinción

El efecto invernadero posibilita la vida en la tierra ya que condiciones normales los gases de nuestra atmósfera permiten que se retenga parte de la energía que nos llega del sol. Lo que sucede es que no todo el calor del sol que llega a la tierra es rebotado al espacio para perderse, una parte permanece haciendo que la temperatura del planeta sea adecuada para la vida. Por lo tanto, este fenómeno es beneficioso para la vida en la Tierra y sin el nuestro planeta sería como Marte o cualquier otro de nuestros vecinos carentes de vida. El término efecto invernadero se debe a que la atmosfera funciona como los mares de plástico o vidrio que cubren los invernaderos de cultivos vegetales.

Después de la revolución industrial, la actividad sapiens, ha creado un problema anteriormente desconocido; la cantidad de gases enviados a la atmósfera fruto del crecimiento industrial y social, está aumentando la concentración de los gases de efecto invernadero hasta una escala desconocida en cualquier otra época. Además esta enorme concentración de gases de efecto invernadero ha aumentado desproporcionadamente y en tiempos muy cortos. Estos gases cada vez dejan escapar menos energía de la recibida por el sol y toda ella se queda atrapada en la Tierra. Si como ahora nos encontramos en un periodo en que el Sol está enviando mucha más energía tenemos un problema.

El principio de conservación de la energía dice que la energía no se destruye sólo se transforma. Hoy el planeta está consumiendo enormes cantidades de energía extra que anteriormente no recibía y aunque por ahora los sistemas se están reequilibrando distribuyéndola entre ellos llegará un momento que todo el planeta se reorientara para canalizar toda esta energía hasta reequilibrarse. Por ahora ya vemos parte de estos efectos porque lo sentimos cada nueva estación en que las temperaturas están aumentando a límites desconocidamente altos en todo el mundo y por qué vivimos que el clima se está viendo parcialmente afectado y su efecto sobre nosotros.

Aunque no lo apreciemos tanto la corteza terrestre como los mares están absorbiendo está energía de más que diariamente llega del sol y no se escapa. Supongo que aún es difícil predecir como evolucionara el fenómeno y sobre todo lo que es todavía más complicado predecir como reaccionara el planeta cuando llegue a su punto de inflexión. Si como consecuencia de toda está energía extra absorbida por la tierra se producen más terremotos, seísmos, maremotos y volcanes finalmente se puede crear un manto de cenizas por todo el mundo que impidan la entrada de la luz solar y la energía del sol llevando al planeta a una nueva glaciación. Pero también es probable que el planeta se caliente y se haga insoportable para la vida en determinadas zonas como parece que ya está ocurriendo. También es posible que se reorienten el clima y las corrientes marinas de los océanos provocando que zonas hoy fértiles pasen a convertirse en desiertos y que parte importante de las superficies ahora terrestres se cubran por las aguas saladas del mar.

Diariamente la Tierra recibe energía proveniente del Sol si se recibe mucha radiación solar y se emite muy poca desde la superficie terrestre el balance energético que existía hasta ahora se descompensa y el planeta diariamente adquiere una energía de más que no estaba adquiriendo hasta ahora. Así poco a poco la actividad de los sapiens está haciendo que el balance energético de la tierra haya cambiado y esa energía de más que se recibe diariamente se va almacenando de manera que al final el planeta reaccionará para reestructurar toda esa energía de más que día a día se va acumulando. ¿Cómo lo hará? Es difícil de predecirlo con total precisión. El primer cambio será un cambio climático, que por ahora son sólo unos pequeños cambios que pueden resultar molestos como alargar el verano o subir las temperaturas medias, pero a la larga habrá muchos más efectos. La circulación atmosférica con los vientos planetarios más tarde o más temprano podría verse afectada y con su cambio todos y cada uno de los climas del planeta podrían pasar a ser otros diferentes de los que son ahora. En la atmósfera todo está conectado, de manera que los cambios que se producen en una zona se irradian al resto. Las diferencias de temperatura provocan diferencias de presiones que hacen que las masas de aire se muevan, por lo que si la Tierra se calienta es esperable que se produzcan cambios importantísimos en los patrones de la circulación general atmosférica. Estas alteraciones podrían hacer que varios de los climas actuales del planeta variaran para siempre. Zonas que hoy son vergeles podrían ser mañana desiertos y los desiertos de ayer podrían ser humedales mañana. Además llegará un momento que el sistema llegue a su límite y una vez que este se sobrepase y el sistema se reoriente hacía el nuevo equilibrio probablemente lo haga en muy poco tiempo sin dar tiempo a que animales y plantas se adapten forzando su extinción.

Las corrientes marinas son como ríos superficiales dentro de los océanos, ríos con enormes masas de agua, fría o caliente, que se desplazan recorriendo grandes distancias transportando el frío o el calor de sus aguas e influyendo enormemente sobre los climas continentales que se ven afectados por su presencia y distribuyen el calor del trópico por el resto del planeta. Las tres principales son la Corriente del Golfo, la Corriente de Humboldt y la Corriente de Benguela. La Corriente del Golfo trasporta en el Atlántico Norte aguas calientes desde el Golfo de México hasta las costas europeas finalizando en el océano Ártico. Esta corriente permite que el clima del norte de Europa sea templado, mucho menos frío de lo que le correspondería por su latitud. La Corriente de Humboldt o del Perú, en el océano Pacífico, trasporta las aguas frías de sur a norte paralela a la costa occidental de Sudamérica lo que origina los desiertos cercanos a la costa en Chile y en Perú. Y la Corriente de Benguela que transita con aguas frías por el Atlántico Sur muy cerca de la costa suroccidental de África originando los desiertos costeros del Sudáfrica y Namibia.

El calentamiento de los océanos y mares debido al calentamiento y al efecto invernadero está afectando a las corrientes oceánicas que circulan por todos los mares del planeta. Investigadores del Instituto Scripps de Oceanografía de la Universidad de California en San Diego empleando simulaciones informáticas de modelos de las corrientes oceánicas para las posibles variaciones climáticas descubrieron que el efecto invernadero está alterando la mecánica de estos ríos oceánicos superficiales haciendo que lleven menos agua y fluyan más rápidos. Si las corrientes oceánicas se ven alteradas en gran medida se verán afectados los climas continentales de la tierra haciendo que climas que ahora son templados se conviertan en rigurosos afectando a todos los animales y plantas que los habitan.

Pese a que todos los posibles cambios anteriores son malos y todos podrían acarrear cambios ligados a extinciones masivas y más aún cuando muy probablemente se combinaran entre si y no se produjeran por separado.

El peor de todos ellos, el que si sucediera podría crear un Armagedón, el Apocalipsis y el fin del mundo tal y como lo conocemos es este último. La tectónica de placas podría verse influenciada por el efecto invernadero y si el resultado es el culmen, el máximo posible, la Tierra dejaría de tener vida y se convertiría en un planeta muerto más del sistema solar. La corteza terrestre está fragmentada en Placas Tectónicas, las cuales se desplazan pasivamente gracias a las corrientes de convección que se producen en la capa inmediatamente inferior denominada astenósfera que es más caliente y semiplástica. Las placas tectónicas no se mueven uniformemente hay zonas donde se mueven una centésima de milímetro al año y otras en las cuales el movimiento es muy rápido, de más de 10 cm al año. Hay placas que chocan entre sí y otras que no chocan. Estos movimientos tectónicos son los responsables de la aparición de montañas, volcanes, seísmos, formación de plegamientos, fallas geológicas, expansión de océanos y desplazamiento de continentes. El dinamismo de las placas tectónicas es responsable de hacer la Tierra habitable permitiendo la vida. Al desplazarse las placas tectónicas renuevan constantemente su superficie y en las dorsales oceánicas el magma se eleva, formando una nueva corteza al separar dos placas que dará nuevos terrenos ricos en fertilidad que permitirán el crecimiento de la vida. Las rocas recién nacidas en la superficie, expuestas a los elementos se degradaran liberando minerales que son cruciales para la fertilidad. La erosión y la meteorización hacen que la roca se degrade soltando minerales como el cobre, el zinc y el fósforo, que acabaran en el mar contribuyendo a la alimentación de organismos marinos como el plancton. Hay indicios que sugieren que los períodos de erosión mínima llevan asociadas extinciones de especies ya que hay menos nutrientes disponibles en el océano para repartir. Los 4.000 millones de años de evolución han atado a la vida del planeta a la tectónica de placas por lo que si estos movimientos se detuvieran es muy posible que la vida también lo hiciera.

En una situación extrema, si la temperatura de la superficie cada vez va siendo mayor a causa del efecto invernadero nuestro planeta podría acabar pareciéndose a Venus. En Venus que tiene una densa atmósfera de dióxido de carbono, 10 veces más densa que la terrestre, el potente efecto invernadero hace que no pueda tener una tectónica de placas aunque si volcanes. Por tanto si el efecto invernadero llegará a ser tan intenso como el de Venus la tectónica de placas podría suspenderse y congelarse haciendo de la Tierra un planeta muerto similar a Venus con lo que eso comportaría para los organismos que viven hoy.

Jared Diamond en su libro *"Crisis"* escribe que Japón con 377 975 km² de superficie muy fértil tiene una cantidad de población cinco veces mayor que Australia debido a que gran parte de la isla australiana es casi un desierto con muy poca tierra cultivable. Y recalca que en Australia el impacto humano de los pocos habitantes, 25,69 millones en el 2020, es excesivo ya que pese al gran tamaño de la isla continente, 7,692 millones km², los recursos naturales disponibles del suelo para alimentar a esa población son insuficientes. En consecuencia el efecto invernadero podría hacer de todo el territorio de la Tierra una nueva Australia con mucho terreno pero poco fértil lo que llevaría a muchas especies a la extinción.

Por tanto vemos que el efecto invernadero causado por el hombre poco a poco puede conducir al planeta a una corrección del modelo que ha pervivido hasta ahora. Unas modificaciones que podrían en último término convertir a la tierra en un planeta inerte como Venus. Aunque no necesariamente la Tierra se tendría que modificar hasta el punto más extremo cualquier retoque que el planeta se vea obligado a realizar como consecuencia de las acciones del *Homo sapiens* llevará aparejado una o varias extinciones que a la fuerza serán masivas. Al final sólo nos pareceremos a los dioses en nuestra capacidad, aunque sea indirecta, de destruir la floreciente vida del planeta que habitamos y en el que surgimos.

La séptima extinción, mucho más peligrosa y nefasta que la sexta con la que vivimos, avanza en paralelo y va camino de hacer lo que las otras cinco anteriores. La séptima extinción nació en el momento que el hombre entro en la revolución industrial en la segunda mitad del siglo XVIII por tanto ya tiene unos cientos de añitos, mucho tiempo con respecto a la vida humana pero nada en comparación con los tiempos geológicos y sigue avanzando a buen ritmo mientras los sapiens indiferentes a todo lo que no sea poder o dinero siguen potenciándola. Si el *Homo sapiens* continua como hasta ahora forzando el efecto invernadero llegará un punto de inflexión en el cual ya no quepa dar marcha atrás y nuestras acciones habrán forzado al planeta a hacer una corrección de rumbo que sin ningún lugar a dudas conllevara una extinción de la vida sobre la Tierra. Si está extinción es sólo masiva o es la extinción definitiva es imposible saberlo hoy en día.

La teoría del poder dice que: *"Todo poder altera y corrompe y quienes lo catan se enganchan a él como a una droga y sólo anhelan el poder absoluto, que transforma y corrompe absolutamente."*

La economía lo domina todo ya que el dinero da poder. Los pocos que acaparan el dinero, menos del 1% de la población del planeta, se han adueñado del mundo entero y acaparan todo el poder y las riquezas y como tienen poder absoluto están corrompidos absolutamente; no tienen una visión clara y no pueden conformarse con lo que ya tienen y desean más poder que creen que llegará aumentado aún más sus riquezas incontables muchas veces a costa de la destrucción del planeta. Los súper ricos, los ricos, las clases medias y los pobres, que por el poder que da el dinero, están dispuestos a forzar el planeta al máximo sin pensar en sus consecuencias futuras serán los responsables de lo que al final suceda. Los políticos populistas que hacen del narcisismo personal su única religión y su exclusivo credo que están dispuestos a hacer cualquier cosa por obtener réditos políticos y que no les importa un carajo el destino del planeta son seguidos por personas inseguras, poco informadas y engañadas que les siguen como borregas hagan lo que hagan y digan lo que digan. Los poderosos y los dictadores de todo el mundo que creen que el presente y el futuro les pertenece sólo a ellos y no les importa nada más que el yo, están forzando al planeta hasta las misma cúspide del desfiladero para que luego pueda despeñarse con apenas un simple empujón y acabar con todos nosotros, ellos incluidos y la vida entera o casi entera.

La séptima extinción está ahí, comenzó hace más de un siglo y si sigue avanzando a buen ritmo. Pronto llegara el momento en que no sea posible una vuelta atrás, llegara un momento en el que el sapiens sólo sea un observador impotente más esperando las consecuencias que han acarreado sus acciones o las de sus antepasados. Aunque la séptima extinción progresa aceleradamente todavía no ha llegado a su punto de inflexión, todavía estamos a tiempo de pararla y frenarla definitivamente. ¿Lo haremos?

Hacía el espacio

Podemos aprovecharnos de nuestra capacidad de socializar y explotar todo el conocimiento almacenado por la humanidad hasta el presente para dar un respiro al planeta y prepararnos para la conquista del espacio. Sólo el sapiens está capacitado para unirse como un todo y con sus enormes y conjuntas fuerzas prepararse para salir del planeta y conquistar otros mundos.

Sólo los sapiens pueden hacerlo por su enorme capacidad de colaboración, tenemos que ponernos de acuerdo frenar la séptima extinción, acabar con la sexta y poner toda la carne en el asador para conquistar el espacio terraformando Marte y Mercurio. Si los sapiens deciden de verdad colaborar entre todos ellos para frenar el efecto invernadero y sus posibles consecuencias muy pronto se verán enzarzados en una colaboración para ir más allá y dominar el espacio. La sociología de los sapiens permite esta colaboración, y es la que el planeta necesita para liberarse de su exceso de carga humana con el fin de volver al equilibrio del pasado. Si bien en el pasado las naciones individuales pudieron descubrir el mundo desconocido y conquistarlo en el presente sólo se podrá conquistar el espacio y con él otros planetas para la vida humana si los sapiens se ponen de acuerdo entre todos ellos, o gran parte de ellos, para trabajar en común.

Aunque la instalación de colonias espaciales en la Luna, Marte o Mercurio será posible incluso con capital privado pera la terratransformación que convertiría a esos planetas en habitables sólo es posible mediante colaboración global o cuasi global.

Cada día se necesita más una redistribución de la riqueza que haga que las desigualdades entre la población sean lo menos posibles, una nueva socialdemocracia, con el fin de que todos los seres humanos puedan actuar con todo su potencial. El individuo que vive en la pobreza y sólo se puede ocuparse de buscar comida no sirve de mucha ayuda y su cerebro unido al resto podría ser fundamental. El coeficiente de Gini es una medida de la desigualdad se utiliza para medir cualquier forma de distribución desigual de la riqueza. Necesitamos que la riqueza se distribuya de una forma más equitativa entre todos los sapiens del planeta para que nuestra unión nos otorgue todo el potencial necesario primero para revertir las sexta extinción, suprimir la séptima y centrarnos en logar que el salto al espacio deje de ser un sueño y se convierta en una realidad.

Si involuntariamente los sapiens han sido capaces de forzar a la Tierra hasta la séptima extinción, voluntariamente y colaborando con ahincó pueden logara lo que se propongan, la unión hace la fuerza. Y aunque hoy nos parezca imposible el sapiens puede terratransformar cualquiera de los planetas inertes del sistema solar para convertirlos en nuevas tierras llenas de vida.

La humanidad viene soñando desde hace mucho tiempo con la terratransformación de Marte y Mercurio. Convertir estos planetas sin vida en nuevas tierras llenas de agua y cientos de especies animales y vegetales puede llegar a ser posible en un futuro cercano pero para ello necesitamos tener futuro y el futuro hoy por hoy lo tenemos hipotecado. En el pasado Marte pudo ser muy similar a la Tierra con mares y ríos y posiblemente vida, pero sabemos que paso algo que convirtió el planeta en un erial árido y sin vida. ¿Estamos forzando al planeta Tierra a qué camine por el mismo camino que el planeta rojo?

A veces los científicos nos despiertan con ideas asombrosas que nos recuerdan la enorme capacidad humana para colaborar unidos hacía la solución de cualquier posible problema. Un grupo de científicos publicó una idea para crear un campo magnético artificial alrededor de Marte que sería un paso fundamental en la trasformación de Marte, permitiendo que pudiera albergar vida en un futuro cercano. Ya que uno de los grandes problemas del planeta es que no tiene un campo magnético a su alrededor que proteja a la vida de las radicaciones y el viento solar.

Bibliografía

Sergio Almécija, Ashley S Hammond , Nathan E Thompson, Kelsey D Pugh, Salvador Moyà-Solà, David M Alba. 2021 Fossil apes and human evolution. Science. 2021 May 7;372(6542).

John Boswel 998, Cristianismo, tolerancia social y homosexualidad Muchnik Editores SA, Barcelona

Amaya Corchuelo, Santiago y Soler Cámara, Paula 2019. ¿Y esto de la pederastia ha sido siempre así? Construcción social de la pederastia a través de su análisis transcultural. Pederestia. Análisis Juríco-Penal, Social y Criminológico . 2019. Capítulo 3 pp. 91-114

Diamond, L. M. 2003a.What does sexual orientation orient? A biobehavioral model distinguishing romantic love and sexual desire. Psychological Review, 110(1), 173-192.

DELIBES, M. 2001. Vida. La naturaleza en peligro. Ed. Temas de Hoy, S.A., (T.H.), Madrid, 317 p.

Diamond, L. M. 2003b.Was it a phase? Young women's relinquishment of lesbian/bisexual identities over a 5-year period. Journal of Personality and Social Psychology, 84(2), 352-364..

Gómez, K., & Espadaler, X. (2005). La hormiga argentina (Linepithema humile) en las Islas Baleares. Listado preliminar de las hormigas de las Isla Baleares. *Documents tècnics de conservació*, *13*, 1-68..

García-Uribe Liseth Paola, Marquéz-Lázaro Johana Patricia, Viola-Rhenals Maricela 2015   ESTRÉS OXIDATIVO, DAÑO AL ADN Y CANCER Revista de Ciencias médicas

Richard E Green, Anna-Sapfo Malaspinas, Johannes Krause, Adrian W Briggs, Philip L F Johnson, Caroline Uhler, Matthias

Meyer, Jeffrey M Good, Tomislav Maricic, Udo Stenzel, Kay Prüfer, Michael Siebauer, Hernán A Burbano, Michael Ronan, Jonathan M Rothberg, Michael Egholm, Pavao Rudan, Dejana Brajković, Zeljko Kućan, Ivan Gusić, Mårten Wikström, Liisa Laakkonen, Janet Kelso, Montgomery Slatkin, Svante Pääbo 2008 A complete Neandertal mitochondrial genome sequence determined by high-throughput sequencing Cell. 2008 Aug 8;134(3):416-26.doi: 10.1016/j.cell.2008.06.021.

Dave Grossman 2019 Matar Editorial Melusina Santa Cruz de Tenerife

Gullo Omodeo Marcelo 2022 Nada por lo que pedir perdón: La importancia del legado español frente a las atrocidades cometidas por los enemigos de España. Editorial Espasa.

HÖLLDOBLER, B. & WILSON, E.O. 1990. The ants. Springer-Verlag, Berlin.

Madeleine L. M. Hardy, Margot L. Day, Michael B. Morris 2021 Redox Regulation and Oxidative Stress in Mammalian Oocytes and Embryos Developed In Vivo and In Vitro International Journal of Environmental Research and Public Health 2021 Nov; 18(21): 11374.

HÖLLDOBLER, B. & WILSON, E.O. 1996. Viaje a las hormigas. Una historia de exploración científica. Crítica (Grijalbo Mondadori), Barcelona

Elisabeth Kolbert, 2014 La sexta extinción Editorial Crítica Barcelona

Kevin E Langergraber, Kay Prüfer, Carolyn Rowney, Christophe Boesch, Catherine Crockford, Katie Fawcett, Eiji Inoue, Miho Inoue-Muruyama, John C Mitani, Martin N Muller, Martha M Robbins, Grit Schubert, Tara S Stoinski, Bence Viola, David

Watts, Roman M Wittig, Richard W Wrangham, Klaus Zuberbühler, Svante Pääbo, Linda Vigilant 2012 Generation times in wild chimpanzees and gorillas suggest earlier divergence times in great ape and human evolution. Proc Natl Acad Sci U S A . 2012 Sep 25;109(39):15716-21.

Bienvenido Martínez-Navarro 2020 El sapiens asesino y el ocaso de los neandertales Editorial Almuzara Córdoba

B. José Manuel Mayorga Torres, Mauricio Camargo, Ángela P Cadavid, Walter D. Cardona Maya. 2015 Estrés oxidativo: ¿un estado celular defectuoso para la función espermática? Revista chilena de obstetricia y ginecología vol.80 no.6 Santiago dic. 2015 versión On-line ISSN 0717-7526

Pierrotti Nelson 2006 Akhenatón y Moisés, ¿padres del monoteísmo?
Del Himno a Atón al Salmo 1041. [Edición digital por cortesía del autor para la Biblioteca Virtual Miguel de Cervantes] Alicante, diciembre de 2006

Prüfer, K.; Munch, K.; Hellmann, I.; Akagi, K.; Miller, J.R.; Walenz, B.; Koren, S.; Sutton, G.; Kodira, C.; Winer, R.; Knight, J.R.; Mullikin, J.C.; Meader, S.J.; Ponting, C.P.; Lunter, G.; Higashino, S.; Hobolth, A.; Dutheil, J.; Karakoç, E.; Alkan, C.; Sajjadian, S.; Catacchio, C.R.; Ventura, M.; Marques-Bonet, T.; Eichler, E.E.; AndrÉ, C.; Atencia, R.; Mugisha, L.; Junhold, J.; Patterson, N.; Siebauer, M.; Good, J.M.; Fischer, A.; Ptak, S.E.; Lachmann, M.; Symer, D.E.; Mailund, T.; Schierup, M.H.; Andrés, A.M.; Kelso, J.; Pääbo, S. 2012 "The bonobo genome compared with the chimpanzee and human genomes". *Nature* 7402 (486): 1-5, 14 de junio de 2012.

Kay Prüfer, Fernando Racimo, Nick Patterson, Flora Jay, Sriram Sankararaman, Susanna Sawyer, Anja Heinze, Gabriel Renaud, Peter H. Sudmant, Cesare de Filippo, Heng Li, Swapan Mallick,

Michael Dannemann, Qiaomei Fu, Martin Kircher, Martin Kuhlwilm, Michael Lachmann, Matthias Meyer, Matthias Ongyerth, Michael Siebauer, Christoph Theunert, Arti Tandon, Priya Moorjani, Joseph Pickrell, James C. Mullikin, Samuel H. Vohr, Richard E. Green, Ines Hellmann, Philip L. F. Johnson, Hélène Blanche, Howard Cann, Jacob O. Kitzman, Jay Shendure, Evan E. Eichler, Ed S. Lein, Trygve E. Bakken, Liubov V. Golovanova, Vladimir B. Doronichev, Michael V. Shunkov, Anatoli P. Derevianko, Bence Viola, Montgomery Slatkin, David Reich, Janet Kelso, and Svante Pääbo. 2014 The complete genome sequence of a Neandertal from the Altai Mountains. Nature. 2014 Jan 2; 505(7481): 43–49.Published online 2013 Dec 18. doi: 10.1038/nature12886.

Qihua Peng, Shang-Ping Xie, Dongxiao Wang, Rui Xin Huang, Gengxin Chen, Yeqiang Shu, Jia-Rui Shi, Wei Liu. 2022 Surface warming-induced global acceleration of upper ocean currents Science Advances. 2022 Apr 22;8(16):eabj8394.doi: 10.1126/sciadv.abj8394. Epub 2022 Apr 20.

Palagi E., Paoli T., Tarli S. B. Reconciliation and consolation in captive bonobos (*Pan paniscus*) Am. J. Primatol. (2004) 62(1):15-30.

S. A. Rathus; J. S. Nevid; L. Fichner-Rathus 2005 Sexualidad humana. 6.a edición Editorial PEARSON EDUCACIÓN, S.A. Madrid

Unai Iriarte Asarta 2016 La pederastia institucionalizada en la sociedad espartana- III Congreso Internacional de Jóvenes Investigadores del Mundo Antiguo (7 y 8 de abril de 2016)www.um.es/cepoat/cijima

VANDER MEER, R.K., JAFFE, K. & CEDENO, A., (eds.) 1990. Applied Myrmecology. A world perspective. Westview Press, Boulder, CO.

Frans de Waal, 2006 Primates y filósofos La evolución de la moral del simio al hombre Editorial PAIDOS IBERICA Barcelona

Frans de Waal, 2007 El mono que llevamos dentro Editorial Tusquets Editores Barcelona

WILLIAMS, D.F. (ed.). 1994. Exotic ants. Biology, impact, and control of introduced species. Westview Press, Oxford, 332 p

Laura S Weyrich, Sebastian Duchene, Julien Soubrier, Luis Arriola,Bastien Llamas, James Breen, Alan G Morris, Kurt W Alt, David Caramelli, VeitDresely, Milly Farrell, Andrew G Farrer, Michael Francken, Neville Gully,Wolfgang Haak, Karen Hardy, Katerina Harvati, Petra Held, Edward C.Holmes, John Kaidonis, Carles Lalueza-Fox, Marco de la Rasilla, Antonio Rosas, Patrick Semal, Arkadiusz Soltysiak, Grant Townsend, Donatella Usai,Joachim Wahl, Daniel H. Huson, Keith Dobney, and Alan Cooper Neanderthal behaviour, diet, and disease inferred from ancient DNA in dental calculus- Nature. 2017 Apr 20;544(7650):357-361.doi: 10.1038/nature21674. Epub 2017 Mar 8.

Rebecca Wragg Skyes 2021 NEANDERTALES La vida, el amor, la muerte y el arte de nuestros primos lejanos Editorial GeoPlaneta Barcelona

Richard Wrangham & Dale Peterson 1998 Machos demoníacos. Sobre los orígenes de la violencia humana Editorial Ada Korn, Buenos Aires

Web
1
https://www.bbc.com/mundo/noticias/2011/03/110322_religion_desaparecera_estudio_rg

2   https://es.statista.com/grafico/26726/porcentaje-de-encuestados-que-afirman-profesar-una-religion/

3   https://contrainformacion.es/moises-fue-un-egipcio-que-tras-transmitir-a-los-israelitas-la-religion-monoteista-del-faraon-akenaton-encabezo-el-exodo-a-la-tierra-prometida/

4 https://www.youtube.com/watch?v=EMyLvl1zUjg

5   https://www.ucr.ac.cr/noticias/2018/07/16/la-sexta-extincion-masiva-de-los-organismos-sera-provocada-por-el-ser-humano.html

6 https://neofronteras.com/?p=1180

7 https://www.bbc.com/mundo/ciencia_tecnologia/2009/11/091109_estres_genes_men

8 https://es.wikipedia.org/wiki/Australia

9   https://www.ngenespanol.com/animales/los-bonobos-tienen-relaciones-homosexuales-para-terminar-conflictos-e-instaurar-la-paz/amp/

10 https://arxiv.org/pdf/2111.06887.pdf

11 https://www.heraldo.es/noticias/sociedad/2021/09/30/marcelo-gullo-el-verdadero-genocidio-de-america-fue-el-que-detuvo-cortes-1523046.html

12 https://sevilla.abc.es/andalucia/cordoba/sevi-juan-eslava-galan-no-puede-juzgar-conquista-america-ojos-siglo-201911132114_noticia.html

www.ingramcontent.com/pod-product-compliance
Lightning Source LLC
Chambersburg PA
CBHW052344220526
45465CB00003BA/951